6 電気・電子工学基礎 シリーズ

# システム制御工学

阿部健一・吉澤 誠 [著]

朝倉書店

**電気・電子工学基礎シリーズ　編集委員**

| | | |
|---|---|---|
| 編集委員長 | 宮城　光信 | 東北大学名誉教授 |
| 編集幹事 | 濱島高太郎 | 東北大学教授 |
| | 安達　文幸 | 東北大学教授 |
| | 吉澤　　誠 | 東北大学教授 |
| | 佐橋　政司 | 東北大学教授 |
| | 金井　　浩 | 東北大学教授 |
| | 羽生　貴弘 | 東北大学教授 |

# 序

本書は，電気工学関連学科における学部３年生あるいは４年生のためのシステム制御工学に関する授業の講義ノートが基になっている．この授業は，線形システムの伝達関数モデルに基づいたシステム制御論（古典制御論といういい方もある）の入門的事項をすでに学んでいることを前提として進められる．本書もその授業の趣旨に沿ってまとめたもので，フィードバック制御系の概念，起源や基本構造などの説明は省いた．また，たとえば，その方法の詳細を説明することなくラウス・フルビッツの安定判別法や根軌跡法などに言及し，解析にも利用した．

動的システムの本質は状態方程式による表現を通して把握できる．本書では，連続時間系および離散時間系のそれぞれについて，微分方程式あるいは差分方程式の状態方程式表現，可制御性と可観測性，内部安定性，状態フィードバックなどの基本事項を紹介している．とくに可制御性と可観測性の概念は重要である．これら２つの概念が，システムの構造，状態方程式表現と伝達関数の関係あるいはフィードバック制御系の構成にどのようにかかわるかをしっかりと理解してほしい．

また，コンピュータを用いた制御に不可欠なディジタル制御について述べた後，非線形システムおよび確率システムの解析に必要な基本概念についても紹介している．ただし，いずれもごく入門的な内容にとどめた．

演習問題には，いずれにも略解をつけた．本文中の例と例題を参考にしながら，演習問題を解くことで理解を深めてほしい．

本書を著すにあたり，お世話になった朝倉書店ならびに東北大学大学院博士前期課程学生の笠原孝一郎氏に深く感謝する．

2006年12月

阿部健一
吉澤　誠

# 目　　次

# 1 線形システムの表現

多くのシステムは，その入力と出力との間の関係を微分方程式の形でモデル化することができる．本章では，定係数線形常微分方程式でモデル化されるシステムについて，その状態方程式と伝達関数による表現を与え，それらの間の関係について述べる．

## 1.1 物理システムの微分方程式による表現

さまざまな物理現象は，適当な理想化のもとで，定係数線形常微分方程式（ordinary linear differencial equation）で表すことができる．本節では，簡単な電気システムと機械システムを例にあげ，それぞれの単一あるいは連立の微分方程式モデルを導いてみよう．

図 1.1 に示すインダクタンス $L$，抵抗 $R$，コンデンサ $C$ の直列電気回路について考える．外部から加える電圧 $e(t)$ を入力とし，$C$ の端子電圧 $z(t)$ を出力としよう．いま，回路に流れる電流を $i(t)$ とすると，よく知られているように

$$L\frac{di(t)}{dt}+Ri(t)+\frac{1}{C}\int i(t)\,dt=e(t) \tag{1.1}$$

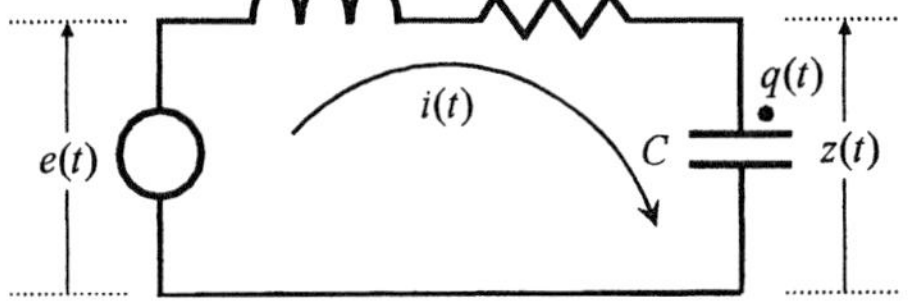


図 1.1　RLC 直列回路

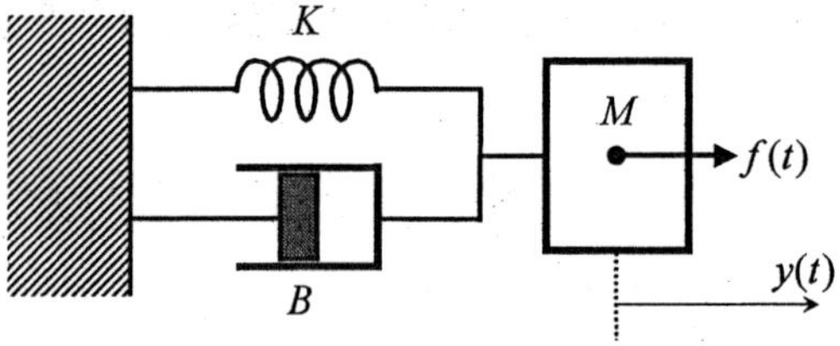


図 1.2 バネ・質量・ダンパからなる機械システム

が成り立つ．出力は

$$z(t)=\frac{1}{C}\int i(t)\,dt \tag{1.2}$$

となる．あるいは，コンデンサの電荷 $q(t)$ を用いると，$i(t)=\dfrac{dq(t)}{dt}$ であるので，これを式(1.1) に代入すると，式(1.1) は次の 2 階の微分方程式となる．

$$L\frac{d^2q(t)}{dt^2}+R\frac{dq(t)}{dt}+\frac{1}{C}q(t)=e(t) \tag{1.3}$$

このとき，出力は

$$z(t)=\frac{1}{C}q(t) \tag{1.4}$$

である．

次に，図 1.2 のバネ・質量・ダンパからなる機械システムを考えてみよう．このシステムはニュートン（Newton）の第 2 運動方程式で次のように記述できる．

$$M\frac{d^2y(t)}{dt^2}+B\frac{dy(t)}{dt}+Ky(t)=f(t) \tag{1.5}$$

ただし，$M$ は質量，$B$ はダンパ（制動器）の粘性摩擦係数，$K$ はバネ係数であり，$f(t)$ は外から加える力（入力），$y(t)$ は平衡状態からの変位である．$y(t)$ を出力とする．

ここで，式(1.3) と式(1.5) とは同じ形の微分方程式である．このように，物理的に性質の異なる 2 つのシステムが同じ形の微分方程式で記述できるとき，2 つのシステムは互いに相似であるという．

## 1.2　システムの状態方程式による表現

図 1.1 の RLC 直列電気回路の出力の式(1.2) の両辺を微分し，式(1.1) 左辺の第 3 項を $z(t)$ でおきかえて整理すると，式(1.1)，(1.2) は次のようになる．

$$\frac{dz(t)}{dt}=\frac{1}{C}i(t) \tag{1.6}$$

$$\frac{di(t)}{dt}=-\frac{1}{L}z(t)-\frac{R}{L}i(t)+\frac{1}{L}e(t) \tag{1.7}$$

この式は，2 つの変数 $i(t)$，$z(t)$ に関する 1 階の連立微分方程式である．システムの入出力関係をこのような形の 1 階の連立微分方程式で表したものを状態方程式（state equation）といい，$i(t)$，$z(t)$ を状態変数（state variable）という．

いま，$z$，$i$，$e$ をそれぞれ $x_1=z$，$x_2=i$，$u=e$ とおいて，式(1.6)，(1.7) をベクトルと行列の記法を使って表すと

$$\begin{bmatrix} \dfrac{dx_1(t)}{dt} \\ \dfrac{dx_2(t)}{dt} \end{bmatrix}=\begin{bmatrix} 0 & \dfrac{1}{C} \\ -\dfrac{1}{L} & -\dfrac{R}{L} \end{bmatrix}\begin{bmatrix} x_1(t) \\ x_2(t) \end{bmatrix}+\begin{bmatrix} 0 \\ \dfrac{1}{L} \end{bmatrix}u(t) \tag{1.8}$$

となる．あるいは，簡潔に次のように書ける．

$$\frac{d\boldsymbol{x}(t)}{dt}=\boldsymbol{A}\boldsymbol{x}(t)+\boldsymbol{b}u(t) \tag{1.9}$$

ただし，

$$\boldsymbol{x}=\begin{bmatrix} x_1 \\ x_2 \end{bmatrix},\quad \frac{d\boldsymbol{x}}{dt}=\begin{bmatrix} \dfrac{dx_1}{dt} \\ \dfrac{dx_2}{dt} \end{bmatrix},\quad \boldsymbol{A}=\begin{bmatrix} 0 & \dfrac{1}{C} \\ -\dfrac{1}{L} & -\dfrac{R}{L} \end{bmatrix},\quad \boldsymbol{b}=\begin{bmatrix} 0 \\ \dfrac{1}{L} \end{bmatrix} \tag{1.10}$$

である．さらに，微分記号 $\dfrac{d}{dt}$ を「・」でおきかえ $\dfrac{d\boldsymbol{x}(t)}{dt}=\dot{\boldsymbol{x}}(t)$ と表すことにすると，式(1.9) は

$$\dot{\boldsymbol{x}}(t)=\boldsymbol{A}\boldsymbol{x}(t)+\boldsymbol{b}u(t) \tag{1.11}$$

と書ける．状態変数を成分とするベクトル $\boldsymbol{x}$ を状態ベクトル（state vector）という．

出力 $z(t)$ は，$x_1=z$ とおいたので状態ベクトルの第1成分にほかならない．そこで，$y=z$ および $\boldsymbol{c}=[1\ \ 0]^{\mathrm{T}}$ とおくと

$$y(t)=\boldsymbol{c}^{\mathrm{T}}\boldsymbol{x}(t)=[1\ \ 0]\begin{bmatrix}x_1(t)\\x_2(t)\end{bmatrix} \tag{1.12}$$

と表すことができる．ここで，ベクトルや行列の右肩の「T」は転置をとることを表す．

式(1.12) を出力方程式（output equation）という．図1.1のシステムの入出力関係が，状態方程式(1.11) と出力方程式(1.12) の1組で表されたことになる．状態方程式と出力方程式をまとめて状態方程式あるいは状態方程式表現（state equation expression）ということもある．

状態方程式による表現は唯一ではない．状態変数のとりかたを変えると，式(1.8) とは異なる状態方程式を得ることができる．いま変数 $x_1$ と $x_2$ を

$$x_1(t)=q(t)$$
$$x_2(t)=i(t)$$

とする．すると，式(1.3)，(1.4) により，状態方程式と出力方程式は上記の場合と同じく

$$\begin{cases}\dot{\boldsymbol{x}}(t)=\boldsymbol{A}\boldsymbol{x}(t)+\boldsymbol{b}u(t)\\ y(t)=\boldsymbol{c}^{\mathrm{T}}\boldsymbol{x}(t)\end{cases} \tag{1.13}$$

と書ける．ただし，この場合の $\boldsymbol{A}$，$\boldsymbol{b}$，$\boldsymbol{c}$ は

$$\boldsymbol{A}=\begin{bmatrix}0 & 1\\ -\dfrac{1}{LC} & -\dfrac{R}{L}\end{bmatrix},\quad \boldsymbol{b}=\begin{bmatrix}0\\ \dfrac{1}{L}\end{bmatrix},\quad \boldsymbol{c}^{\mathrm{T}}=\begin{bmatrix}\dfrac{1}{C} & 0\end{bmatrix} \tag{1.14}$$

である．

図1.2のバネ・質量・ダンパシステムについても，速度 $\dfrac{dy(t)}{dt}$ を $v$ とおくと，式(1.5) は次のように書き直すことができる．

$$\frac{dy(t)}{dt}=v(t) \tag{1.15}$$

$$\frac{dv(t)}{dt}=-\frac{K}{M}y(t)-\frac{B}{M}v(t)+\frac{1}{M}f(t) \tag{1.16}$$

電気回路のときと同じように，$x_1=y$，$x_2=v$，$u=f$ とおくと，状態方程式，出力方程式がそれぞれ式(1.13) の形となる．ただし，この場合の $\boldsymbol{A}$，$\boldsymbol{b}$，$\boldsymbol{c}$ はそれぞれ

$$\boldsymbol{A}=\begin{bmatrix} 0 & 1 \\ -\frac{K}{M} & -\frac{B}{M} \end{bmatrix}, \quad \boldsymbol{b}=\begin{bmatrix} 0 \\ \frac{1}{M} \end{bmatrix}, \quad \boldsymbol{c}^{\mathrm{T}}=\begin{bmatrix} 1 & 0 \end{bmatrix} \tag{1.17}$$

である．

状態変数のとりかたを変えてみよう．いま，バネに加わる力を $f_K$ とすると

$$\frac{df_K(t)}{dt}=Kv(t) \tag{1.18}$$

$$\frac{dv(t)}{dt}=-\frac{B}{M}v(t)-\frac{1}{M}f_K(t)+\frac{1}{M}f(t) \tag{1.19}$$

が成り立つ．そこで，$x_1=f_K$，$x_2=v$，$u=f$ とおくと，状態方程式表現(1.13) を得る．$\boldsymbol{A}$，$\boldsymbol{b}$，$\boldsymbol{c}$ はそれぞれ

$$\boldsymbol{A}=\begin{bmatrix} 0 & K \\ -\frac{1}{M} & -\frac{B}{M} \end{bmatrix}, \quad \boldsymbol{b}=\begin{bmatrix} 0 \\ \frac{1}{M} \end{bmatrix}, \quad \boldsymbol{c}^{\mathrm{T}}=\begin{bmatrix} \frac{1}{K} & 0 \end{bmatrix} \tag{1.20}$$

となる．

以上の電気回路とバネ・質量・ダンパシステムの 2 つの例は，いずれも 2 階の微分方程式で表され，状態方程式で表すと 2 つの状態変数をもつシステムである．このように，2 つの状態変数を用いて表現されるシステムを 2 次システムという．一般に，$n$ 個の状態変数を用いて表現されるシステムを $n$ 次システムという．

式(1.13) の状態方程式表現は図 1.3 のようなブロック図で表すことができる．ここで，$\frac{1}{s}\boldsymbol{I}$ は $n$ 個の積分器が並列に並んだシステムを表す．

次に，入出力関係が次の $n$ 階微分方程式で表されるシステムを考えてみよう．すなわち，システムの入力 $u$ と出力 $y$ との間に

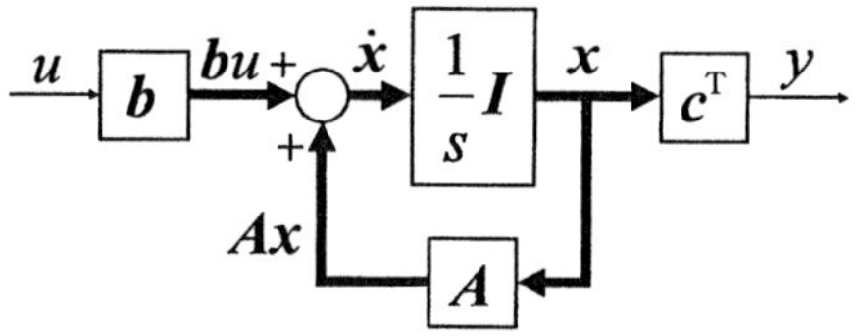


**図 1.3** 1入力-1出力システムの状態方程式表現に対応するブロック図

$$\frac{d^n y(t)}{dt^n}+a_n\frac{d^{n-1}y(t)}{dt^{n-1}}+a_{n-1}\frac{d^{n-2}y(t)}{dt^{n-2}}+\cdots+a_1 y(t)=u(t) \tag{1.21}$$

が成り立つとする．

いま，変数 $x_1, x_2, \cdots, x_n$ を次のように定義する．

$$\begin{cases} x_1(t)=y(t) \\ x_2(t)=\dfrac{dy(t)}{dt} \\ \quad\vdots \\ x_n(t)=\dfrac{d^{n-1}y(t)}{dt^{n-1}} \end{cases} \tag{1.22}$$

すると，式(1.21) の微分方程式は，等価的に次のように書ける．

$$\begin{cases} \dfrac{dx_1(t)}{dt}=x_2(t) \\ \dfrac{dx_2(t)}{dt}=x_3(t) \\ \quad\vdots \\ \dfrac{dx_{n-1}(t)}{dt}=x_n(t) \\ \dfrac{dx_n(t)}{dt}=-a_1x_1(t)-a_2x_2(t)-\cdots-a_nx_n(t)+u(t) \end{cases} \tag{1.23}$$

したがって，出力方程式は簡単に

$$y(t)=x_1(t) \tag{1.24}$$

となる．

式(1.23)，(1.24) をベクトルと行列の記法で表したものは，式(1.13) と同じ形であり，$\boldsymbol{A}$，$\boldsymbol{b}$，$\boldsymbol{c}$ はそれぞれ

$$
\boldsymbol{A}=\begin{bmatrix} 0 & 1 & 0 & 0 & \cdots & 0 \\ 0 & 0 & 1 & 0 & \cdots & 0 \\ 0 & 0 & 0 & 1 & \cdots & 0 \\ \vdots & \vdots & \vdots & \vdots & & \vdots \\ 0 & 0 & 0 & 0 & \cdots & 1 \\ -a_1 & -a_2 & -a_3 & -a_4 & \cdots & -a_n \end{bmatrix} \quad (n\times n\ \text{行列}) \tag{1.25}
$$

$$
\boldsymbol{b}=\begin{bmatrix} 0 \\ 0 \\ 0 \\ \vdots \\ 0 \\ 1 \end{bmatrix} \quad (n\ \text{次元ベクトル}) \tag{1.26}
$$

$$
\boldsymbol{c}^{\mathrm{T}}=[1 \quad 0 \quad 0 \quad 0 \quad \cdots \quad 0] \quad (n\ \text{次元ベクトル}) \tag{1.27}
$$

である．

式(1.25) の行列 $\boldsymbol{A}$ の形に注意してほしい．このような形の行列をコンパニオン行列（companion matrix）という．コンパニオン行列の性質の１つを後の節で述べる．

状態方程式は，微分方程式の正規形あるいは標準形と呼ばれるものにほかならない．各状態変数の１階の導関数が，状態変数と入力の線形１次結合で表される形になっている．注意すべきは状態方程式の右辺に入力の導関数を含まないということである．

次の $n$ 階微分方程式を考えてみよう．ただし，今度は，式(1.21) と違って，その右辺は入力の導関数を含む．

$$
\begin{aligned}
&\frac{d^n y(t)}{dt^n}+a_n\frac{d^{n-1}y(t)}{dt^{n-1}}+a_{n-1}\frac{d^{n-2}y(t)}{dt^{n-2}}+\cdots+a_1 y(t) \\
&\quad =b_{n+1}\frac{d^n u(t)}{dt^n}+b_n\frac{d^{n-1}u(t)}{dt^{n-1}}+\cdots+b_1 u(t)
\end{aligned} \tag{1.28}
$$

式(1.22) の手順と同様に変数を定義すると，やはり１階の連立微分方程式を得るが，式(1.23) の最後の式に相当する式の右辺が入力の導関数を含む形になり，状態方程式にはならない．そこで，変数 $x_1, x_2, \cdots, x_n$ を次のように定義してみよう．

$$\begin{cases} x_1(t) = y(t) - b_{n+1}u(t) \\ x_2(t) = \dfrac{dx_1(t)}{dt} - \beta_1 u(t) \\ x_3(t) = \dfrac{dx_2(t)}{dt} - \beta_2 u(t) \\ \qquad\vdots \\ x_n(t) = \dfrac{dx_{n-1}(t)}{dt} - \beta_{n-1} u(t) \end{cases} \tag{1.29}$$

ただし，各 $\beta_i$ を

$$\begin{cases} \beta_1 = b_n - a_n b_{n+1} \\ \beta_2 = b_{n-1} - a_{n-1} b_{n+1} - a_n \beta_1 \\ \beta_3 = b_{n-2} - a_{n-2} b_{n+1} - a_{n-1}\beta_1 - a_n \beta_2 \\ \quad\vdots \\ \beta_n = b_1 - a_1 b_{n+1} - a_2\beta_1 - a_3\beta_2 - \cdots - a_{n-1}\beta_{n-2} - a_n\beta_{n-1} \end{cases} \tag{1.30}$$

とおく．すると微分方程式(1.28) は式(1.11) の形となる．ただし，$\boldsymbol{A}$ は式(1.25) と同じコンパニオン行列で，$\boldsymbol{b}$ は

$$\boldsymbol{b} = \begin{bmatrix} \beta_1 \\ \beta_2 \\ \beta_3 \\ \vdots \\ \beta_n \end{bmatrix} \qquad (n\ 次元ベクトル) \tag{1.31}$$

である．出力方程式は式(1.27) の $\boldsymbol{c}$ を用いて

$$y(t) = \mathbf{c}^{\mathrm{T}} \boldsymbol{x}(t) + b_{n+1} u(t) \tag{1.32}$$

となる．

さらに，やはり $n$ 階微分方程式で，入力 $u$ と出力 $y$ とが次の関係で結びつけられるシステムを考えてみよう．

$$\frac{d^n x(t)}{dt^n} + a_n \frac{d^{n-1} x(t)}{dt^{n-1}} + a_{n-1} \frac{d^{n-2} x(t)}{dt^{n-2}} + \cdots + a_1 x(t) = u(t) \tag{1.33}$$

$$y(t)=b_{n+1}\frac{d^n x(t)}{dt^n}+b_n\frac{d^{n-1}x(t)}{dt^{n-1}}+\cdots+b_1 x(t) \tag{1.34}$$

すなわち，出力は式(1.33) の変数 $\boldsymbol{x}$ の $n$ 階までの導関数の線形 1 次結合である．式(1.33) は，状態変数 $x_1, x_2, \cdots, x_n$ を式(1.22) と同様に

$$\begin{cases} x_1(t)=x(t) \\ x_2(t)=\dfrac{dx(t)}{dt} \\ \qquad\vdots \\ x_n(t)=\dfrac{d^{n-1}x(t)}{dt^{n-1}} \end{cases} \tag{1.35}$$

と定義すると，式(1.25) の $\boldsymbol{A}$，式(1.26) の $\boldsymbol{b}$ により式(1.11) の状態方程式で表せる．出力は式(1.34) と式(1.35) より

$$\begin{aligned} y(t) &= b_{n+1}\{-a_1 x_1(t)-a_2 x_2(t)-\cdots-a_n x_n(t)+u(t)\} \\ &\quad +b_n x_n(t)+\cdots+b_1 x_1(t) \\ &=(b_1-b_{n+1}a_1)x_1(t)+(b_2-b_{n+1}a_2)x_2(t)+\cdots \\ &\quad +(b_n-b_{n+1}a_n)x_n(t)+b_{n+1}u(t) \\ &=\boldsymbol{c}^{\mathrm{T}}x(t)+b_{n+1}u(t) \end{aligned} \tag{1.36}$$

となる．ここで，$\boldsymbol{c}$ は

$$\boldsymbol{c}^{\mathrm{T}}=[b_1-b_{n+1}a_1 \quad b_2-b_{n+1}a_2 \quad \cdots \quad b_n-b_{n+1}a_n] \tag{1.37}$$

である．

以上を整理すると，一般に $n$ 次システムの状態方程式は

$$\begin{cases} \dot{\boldsymbol{x}}(t)=\boldsymbol{A}\boldsymbol{x}(t)+\boldsymbol{b}u(t) \\ y(t)=\boldsymbol{c}^{\mathrm{T}}\boldsymbol{x}(t)+du(t) \end{cases} \tag{1.38}$$

のように表せる．ここで，$\boldsymbol{x}$ は $n$ 次元の状態ベクトルであり，$\boldsymbol{A}$ は $n\times n$ 行列，$\boldsymbol{b}$ と $\boldsymbol{c}$ は $n$ 次元ベクトル，$d$ はスカラーである．

以上は，1 入力-1 出力（single-input single-output）の場合である．一般に，入力変数の数が $r$ で出力変数の数が $m$ の多入力-多出力（multi-input multi-output）システムは次のように表せる．

$$\begin{cases} \dot{\boldsymbol{x}}(t)=\boldsymbol{A}\boldsymbol{x}(t)+\boldsymbol{B}\boldsymbol{u}(t) \\ \boldsymbol{y}(t)=\boldsymbol{C}\boldsymbol{x}(t)+\boldsymbol{D}\boldsymbol{u}(t) \end{cases} \tag{1.39}$$

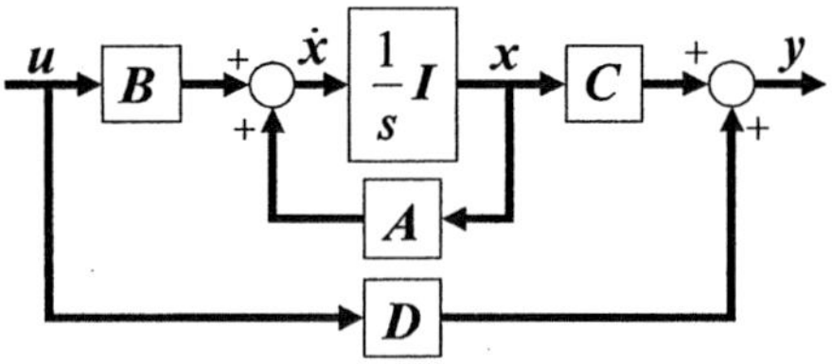


図 1.4　多入力-多出力システムの状態方程式表現に対応するブロック図

ここで，$\boldsymbol{x}$，$\boldsymbol{u}$，$\boldsymbol{y}$ はそれぞれ $n$，$r$，$m$ 次元のベクトルで，$\boldsymbol{A}$，$\boldsymbol{B}$，$\boldsymbol{C}$，$\boldsymbol{D}$ は大きさがそれぞれ $n\times n$，$n\times r$，$m\times n$，$m\times r$ の行列である．これをブロック図で表現すると図 1.4 のようになる．

**（例 1.1）**

入力 $u$ と出力 $y$ とが次の 2 階の微分方程式で表される系がある．

$$\ddot{y}(t)+2\alpha\dot{y}(t)+y(t)=\dot{u}(t)+u(t)$$

ここで，$\ddot{y}(t)$ は $\dfrac{d^2y(t)}{dt^2}$ を意味する．$\alpha$ はパラメータである．このとき状態変数を

$$x_1=y,\quad x_2=\dot{x}_1-\beta u$$

とおき，$\beta$ を適当に選ぶと（$\beta=1$ となることを確認せよ），状態方程式表現は

$$\begin{cases}\dot{x}_1(t)=x_2(t)+u(t)\\ \dot{x}_2(t)=-x_1(t)-2\alpha x_2(t)+(1-2\alpha)u(t)\end{cases}$$

$$y=x_1(t)$$

のようになる．すなわち，式(1.38) の係数は

$$\boldsymbol{A}=\begin{bmatrix}0 & 1\\ -1 & -2\alpha\end{bmatrix},\quad \boldsymbol{b}=\begin{bmatrix}1\\ 1-2\alpha\end{bmatrix},\quad \boldsymbol{c}^{\mathrm{T}}=[1\quad 0],\quad d=0$$

である．

**［例題 1.1］**

次の 2 階微分方程式の状態方程式表現を求めよ．

$$\ddot{x}(t)+2\dot{x}(t)+x(t)=u(t)$$

$$y(t)=\dot{x}(t)+x(t)$$

［解］

与式から式(1.33)，(1.34) の係数は

$$a_1=1,\quad a_2=2,\quad b_1=1,\quad b_2=1$$

である．これらに基づいて，式(1.25)，(1.26)，(1.36)，(1.37) より

$$\boldsymbol{A}=\begin{bmatrix}0 & 1\\ -1 & -2\end{bmatrix},\quad \boldsymbol{b}=\begin{bmatrix}0\\1\end{bmatrix},\quad \boldsymbol{c}^{\mathrm{T}}=[1\quad 1],\quad d=0$$

を得る．

**［例題 1.2］**

図 1.5 の電気回路の状態方程式表現を求めよ．ただし，印加電圧 $u(t)$ を入力，抵抗 $r$ の端子間電圧 $v(t)$ を出力とする．ここで，状態変数 $x(t)$ を $u(t)-v(t)$ とする．

［解］

図 1.5 のように電流 $i_1(t)$，$i_2(t)$ を定義し，それぞれについて閉路方程式を立てると，

$$u(t)=\frac{1}{C}\int\{i_1(t)-i_2(t)\}dt+ri_1(t)$$

$$0=Ri_2(t)-\frac{1}{C}\int\{i_1(t)-i_2(t)\}dt$$

のような 2 本の式を得る．ただし，後でわかるようにこれらは互いに独立ではない．

状態変数 $x(t)$ は

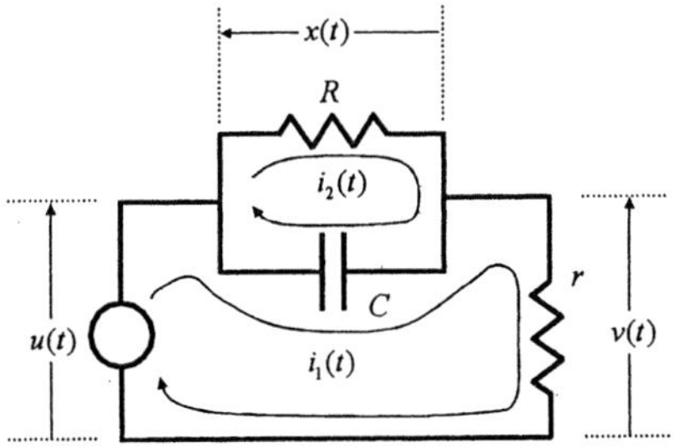


**図 1.5**　抵抗と容量からなる電気回路

$$x(t)=u(t)-v(t)=Ri_2(t)$$

であり，出力 $y(t)$ は

$$y(t)=v(t)=ri_1(t)$$

であるところから，電流が

$$i_1(t)=\frac{1}{r}\{-x(t)+u(t)\}$$

$$i_2(t)=\frac{1}{R}x(t)$$

のように表される．これらをもとの 2 つの閉路方程式のどちらへ代入しても，

$$x(t)=\frac{1}{C}\int\left[-\left(\frac{1}{r}+\frac{1}{R}\right)x(t)+\frac{1}{r}u(t)\right]dt$$

のような同一の式を得る．これを微分すると，

$$\dot{x}(t)=-\frac{1}{C}\left(\frac{1}{r}+\frac{1}{R}\right)x(t)+\frac{1}{Cr}u(t)$$

という状態方程式を得る．出力方程式は

$$y(t)=-x(t)+u(t)$$

である．したがって，

$$\boldsymbol{A}=-\frac{1}{C}\left(\frac{1}{r}+\frac{1}{R}\right),\quad \boldsymbol{b}=\frac{1}{Cr},\quad \boldsymbol{c}^{\mathrm{T}}=-1,\quad d=1$$

である．

## 1.3　伝達関数と重み関数

定数係数常微分方程式はラプラス（Laplace）変換を用いて解くことができる．すなわち，初期条件を伴う微分方程式を，ラプラス変換によって代数方程式に変え，それを代数的に解いて得た解を逆変換することにより，もとの微分方程式の解が得られる．

すべての初期条件を 0 としたときの出力のラプラス変換と入力のラプラス変換の比を伝達関数（transfer function）と定義する．

$n$ 次システム(1.38) の伝達関数を求めてみよう．まず，$x_1, x_2, \cdots, x_n$，$u$，$y$ のラプラス変換をそれぞれ大文字 $X_1, X_2, \cdots, X_n$，$U$，$Y$ で表し，さらに

$X_i$ をその第 $i$ 成分とする $n$ 次元ベクトル

$$\boldsymbol{X}(s)=\begin{bmatrix} X_1(s) \\ X_2(s) \\ \vdots \\ X_n(s) \end{bmatrix}=L[\boldsymbol{x}(t)] \tag{1.40}$$

を導入する．初期条件を $\boldsymbol{x}(0)=0$ とし，式(1.38) の第 1 式をラプラス変換すると

$$s\boldsymbol{X}(s)=\boldsymbol{A}\boldsymbol{X}(s)+\boldsymbol{b}U(s) \tag{1.41}$$

である．これを整理すると

$$(s\boldsymbol{I}-\boldsymbol{A})\boldsymbol{X}(s)=\boldsymbol{b}U(s)$$

ここで，$\boldsymbol{I}$ は $n\times n$ の単位行列（identity matrix）である．$(s\boldsymbol{I}-\boldsymbol{A})$ の逆行列（inverse matrix）$(s\boldsymbol{I}-\boldsymbol{A})^{-1}$ を左からかけて，$\boldsymbol{X}$ について解くと

$$\boldsymbol{X}(s)=(s\boldsymbol{I}-\boldsymbol{A})^{-1}\boldsymbol{b}U(s) \tag{1.42}$$

また，式(1.38) の第 2 式の出力方程式をラプラス変換すると

$$Y(s)=\boldsymbol{c}^{\mathrm{T}}\boldsymbol{X}(s)+dU(s) \tag{1.43}$$

である．式(1.42)，(1.43) より，入力 $u$ と出力 $y$ との間の伝達関数 $G(s)$ は

$$G(s)=\frac{Y(s)}{U(s)}=\boldsymbol{c}^{\mathrm{T}}(s\boldsymbol{I}-\boldsymbol{A})^{-1}\boldsymbol{b}+d \tag{1.44}$$

となる．

行列 $(s\boldsymbol{I}-\boldsymbol{A})$ の余因子行列（adjoint　matrix）を $\mathrm{adj}(s\boldsymbol{I}-\boldsymbol{A})$，行列式（determinant）を $\det(s\boldsymbol{I}-\boldsymbol{A})$ で表すと，

$$(s\boldsymbol{I}-\boldsymbol{A})^{-1}=\frac{\mathrm{adj}(s\boldsymbol{I}-\boldsymbol{A})}{\det(s\boldsymbol{I}-\boldsymbol{A})} \tag{1.45}$$

であるから，$G(s)$ は

$$G(s)=\frac{\boldsymbol{c}^{\mathrm{T}}\mathrm{adj}(s\boldsymbol{I}-\boldsymbol{A})\,\boldsymbol{b}}{\det(s\boldsymbol{I}-\boldsymbol{A})}+d \tag{1.46}$$

と表せる．

いま，$d=0$ のときを考える．式(1.46) の右辺の $\boldsymbol{A}$，$\boldsymbol{b}$，$\boldsymbol{c}$ に，式(1.25)，(1.26)，(1.27) の $\boldsymbol{A}$，$\boldsymbol{b}$，$\boldsymbol{c}$ を代入してみよう．まず，

$$\det(s\boldsymbol{I}-\boldsymbol{A})=s^n+a_ns^{n-1}+\cdots+a_2s+a_1 \tag{1.47}$$

に注意する．

前節で，式(1.25) の形の行列をコンパニオン行列と呼んだ．この行列の行列式は，式(1.47) 右辺の多項式の係数と行列 $\boldsymbol{A}$ の要素とを比較してみればわかるように，行列 $\boldsymbol{A}$ の最後の行の要素から容易に計算することができる．

一方，分子多項式は

$$\boldsymbol{c}^{\mathrm{T}}\mathrm{adj}(s\boldsymbol{I}-\boldsymbol{A})\boldsymbol{b}=1 \tag{1.48}$$

となる．したがって

$$G(s)=\frac{1}{s^n+a_ns^{n-1}+\cdots+a_2s+a_1} \tag{1.49}$$

である．この伝達関数は $n$ 階微分方程式(1.21) をラプラス変換することによっても得ることができる．

次に，式(1.28) の $n$ 次システムの伝達関数を求めると

$$G(s)=\frac{b_{n+1}s^n+b_ns^{n-1}+\cdots+b_2s+b_1}{s^n+a_ns^{n-1}+\cdots+a_2s+a_1} \tag{1.50}$$

となる．式(1.33)，(1.34) のシステムの伝達関数も上式と同じになる（これを確かめよ）．

**(例 1.2)**

例 1.1 のシステムの伝達関数は，その状態方程式表現から

$$\boldsymbol{A}=\begin{bmatrix}0 & 1\\ -1 & -2\alpha\end{bmatrix},\quad \boldsymbol{b}=\begin{bmatrix}1\\ 1-2\alpha\end{bmatrix},\quad \boldsymbol{c}^{\mathrm{T}}=[1\quad 0],\quad d=0$$

であるので，式(1.44) を用いて

$$G(s)=[1\quad 0]\left(\begin{bmatrix}s & 0\\ 0 & s\end{bmatrix}-\begin{bmatrix}0 & 1\\ -1 & -2\alpha\end{bmatrix}\right)^{-1}\begin{bmatrix}1\\ 1-2\alpha\end{bmatrix}+d=\frac{s+1}{s^2+2\alpha s+1}$$

**[例題 1.3]**

例題 1.1 のシステムの伝達関数を求めよ．

[解]

式(1.44) より，

$$G(s)=[1\quad 1]\begin{bmatrix} s & -1 \\ 1 & s+2 \end{bmatrix}^{-1}\begin{bmatrix} 0 \\ 1 \end{bmatrix}=\frac{s+1}{s^2+2s+1}$$

次に，$d \neq 0$ の場合を考える．式(1.46) の右辺の分母を共通化すると，

$$G(s)=\frac{\boldsymbol{c}^{\mathrm{T}}\mathrm{adj}(s\boldsymbol{I}-\boldsymbol{A})\,\boldsymbol{b}+d\,\det(s\boldsymbol{I}-\boldsymbol{A})}{\det(s\boldsymbol{I}-\boldsymbol{A})} \tag{1.51}$$

である．

$\det(s\boldsymbol{I}-\boldsymbol{A})$ は $s$ の $n$ 次の多項式であり，$\boldsymbol{c}^{\mathrm{T}}\mathrm{adj}(s\boldsymbol{I}-\boldsymbol{A})\,\boldsymbol{b}$ は高々 $n-1$ 次の多項式である．したがって，$d \neq 0$ なら分母多項式と分子多項式の次数はともに $n$ であるが，$d=0$ ならば，分母多項式の次数は分子多項式の次数より大きい．ここで注意すべきことは，式(1.51) 右辺の分母多項式と分子多項式が共通因子をもち約分できる場合があることである．ただし，その場合も伝達関数の分母多項式と分子多項式の次数の差は同じである．

一般に，伝達関数 $G(s)$ は，共通因子（common factor）をもたない多項式 $a(s)$ と $b(s)$ によって

$$G(s)=\frac{b(s)}{a(s)} \tag{1.52}$$

と表せる．このとき伝達関数 $G(s)$ は既約（irreducible）であるという．方程式 $a(s)=0$ を特性方程式という．また，この方程式の根を伝達関数 $G(s)$ の極（pole）といい，$b(s)=0$ の根を有限な零点（zero），あるいは単に零点という．

**[例題 1.4]**

例題 1.2 のシステムの伝達関数を求め，極と零点を示せ．

[解]

$$\boldsymbol{A}=-\frac{1}{C}\left(\frac{1}{r}+\frac{1}{R}\right),\quad \boldsymbol{b}=\frac{1}{Cr},\quad \boldsymbol{c}^{\mathrm{T}}=-1,\quad d=1$$

と式(1.44) より，

$$G(s)=-1\cdot\frac{1}{s+\frac{1}{C}\left(\frac{1}{r}+\frac{1}{R}\right)}\cdot\frac{1}{Cr}+1=\frac{s+\frac{1}{CR}}{s+\frac{1}{C}\left(\frac{1}{r}+\frac{1}{R}\right)}$$

このシステムの極は $-\dfrac{1}{C}\left(\dfrac{1}{r}+\dfrac{1}{R}\right)$ であり，零点は $-\dfrac{1}{CR}$ である．

伝達関数 $G(s)$ のラプラス逆変換

$$g(t)=L^{-1}[G(s)] \tag{1.53}$$

を重み関数（weighting function）またはインパルス応答（impulse response）という．

伝達関数の定義からわかるように，すべての初期条件を 0 としたとき，出力 $y(t)$ は，入力 $u(t)$ と重み関数 $g(t)$ の畳み込み積分（convolution integral）となる．

$$y(t)=L^{-1}[G(s)U(s)]=\int_0^t g(t-\tau)u(\tau)d\tau=\int_0^t g(\tau)u(t-\tau)d\tau \tag{1.54}$$

上式の最後の等式は畳み込み積分の性質による．

## 1.4　システムの相似性と双対性

1.2 節で示したように，システムを状態方程式によって表現する場合，状態変数のとりかたは唯一ではない．いま，$n$ 次システム

$$\dot{\boldsymbol{x}}(t)=\boldsymbol{A}\boldsymbol{x}(t)+\boldsymbol{b}u(t) \tag{1.55}$$

$$y=\boldsymbol{c}^{\mathrm{T}}\boldsymbol{x} \tag{1.56}$$

について，正則（nonsingular）な $n\times n$ 行列 $\boldsymbol{T}$ によって，状態ベクトル $\boldsymbol{x}$ を新たな状態ベクトル $\boldsymbol{z}$ に

$$\boldsymbol{x}=\boldsymbol{T}\boldsymbol{z} \tag{1.57}$$

のように変換してみよう．すると上記の状態方程式は

$$\boldsymbol{T}\dot{\boldsymbol{z}}(t)=\boldsymbol{A}\boldsymbol{T}\boldsymbol{z}(t)+\boldsymbol{b}u(t) \tag{1.58}$$

となる．この式の両辺に $\boldsymbol{T}^{-1}$ を左からかけると

$$\dot{\boldsymbol{z}}=\boldsymbol{T}^{-1}\boldsymbol{A}\boldsymbol{T}\boldsymbol{z}(t)+\boldsymbol{T}^{-1}\boldsymbol{b}u(t)=\bar{\boldsymbol{A}}\boldsymbol{z}(t)+\bar{\boldsymbol{b}}u(t) \tag{1.59}$$

となる．ここで $\bar{\boldsymbol{A}}=\boldsymbol{T}^{-1}\boldsymbol{A}\boldsymbol{T}$ および $\bar{\boldsymbol{b}}=\boldsymbol{T}^{-1}\boldsymbol{b}$ とおいた．出力方程式は

$$y(t)=\boldsymbol{c}^{\mathrm{T}}\boldsymbol{T}\boldsymbol{z}(t)=(\boldsymbol{T}^{\mathrm{T}}\boldsymbol{c})^{\mathrm{T}}\boldsymbol{z}(t)=\bar{\boldsymbol{c}}^{\mathrm{T}}\boldsymbol{z}(t) \tag{1.60}$$

である．ここで $\bar{\boldsymbol{c}}^{\mathrm{T}}=\boldsymbol{c}^{\mathrm{T}}\boldsymbol{T}$ とおいた．

正則な行列は無数にあるので，上記のような座標変換も無数に定義でき，したがって，1つのシステムがさまざまな状態方程式で表現できる．

線形代数では，正則な行列 $\boldsymbol{T}$ によって

$$\bar{\boldsymbol{A}}=\boldsymbol{T}^{-1}\boldsymbol{A}\boldsymbol{T} \tag{1.61}$$

の関係にある行列 $\boldsymbol{A}$ と $\bar{\boldsymbol{A}}$ とは相似（similar）であるという．この名にならって，システム(1.55)，(1.56) を正則行列 $\boldsymbol{T}$ によって式(1.59)，(1.60) に変換することを相似変換（similarity transformation）と呼ぶ．

システムの基本的な性質は相似変換によって変わることはない．とくに，入力と出力の間の伝達関数についてみてみよう．システム(1.55)，(1.56) の伝達関数を $G(s)$ とする．相似変換したシステムの伝達関数 $\bar{G}(s)$ は

$$\begin{aligned}\bar{G}(s)&=\bar{\boldsymbol{c}}^{\mathrm{T}}(s\boldsymbol{I}-\bar{\boldsymbol{A}})^{-1}\bar{\boldsymbol{b}}=\boldsymbol{c}^{\mathrm{T}}\boldsymbol{T}(s\boldsymbol{I}-\boldsymbol{T}^{-1}\boldsymbol{A}\boldsymbol{T})^{-1}\boldsymbol{T}^{-1}\boldsymbol{b}\\&=\boldsymbol{c}^{\mathrm{T}}(s\boldsymbol{I}-\boldsymbol{A})^{-1}\boldsymbol{b}=G(s)\end{aligned} \tag{1.62}$$

となり，2つのシステムの伝達関数が一致することがわかる．

**〈例 1.3〉**

$n$ 次システム(1.33)，(1.34) について，$n=3$，$b_4=0$ とし，状態変数を式(1.35) によって定義すると，状態方程式と出力方程式は

$$\dot{\boldsymbol{x}}(t)=\begin{bmatrix}0 & 1 & 0\\0 & 0 & 1\\-a_1 & -a_2 & -a_3\end{bmatrix}\boldsymbol{x}(t)+\begin{bmatrix}0\\0\\1\end{bmatrix}u(t)$$

$$y(t)=[b_1 \quad b_2 \quad b_3]\boldsymbol{x}(t)$$

である．このシステムの伝達関数は

$$G(s)=\frac{b_3s^2+b_2s+b_1}{s^3+a_3s^2+a_2s+a_1}$$

である．このシステムに

$$\boldsymbol{T}=\begin{bmatrix}0 & 0 & 1\\0 & 1 & 0\\1 & 0 & 0\end{bmatrix}$$

による相似変換，すなわち

$$z_1=x_3$$
$$z_2=x_2$$
$$z_3=x_1$$

を行うと

$$\bar{\boldsymbol{A}}=\begin{bmatrix}-a_3 & -a_2 & -a_1\\ 1 & 0 & 0\\ 0 & 1 & 0\end{bmatrix},\quad \bar{\boldsymbol{b}}=\begin{bmatrix}1\\0\\0\end{bmatrix},\quad \bar{\boldsymbol{c}}^{\mathrm{T}}=[b_3 \quad b_2 \quad b_1]$$

この $\bar{\boldsymbol{A}}$, $\bar{\boldsymbol{b}}$, $\bar{\boldsymbol{c}}$ から伝達関数を求めると上記の $G(s)$ に等しい．

システム(1.55)，(1.56) の $\boldsymbol{A}$, $\boldsymbol{b}$, $\boldsymbol{c}$ を用いて次のシステムを定義する．

$$\dot{\boldsymbol{x}}(t)=\boldsymbol{A}^{\mathrm{T}}\boldsymbol{x}(t)+\boldsymbol{c}u(t) \tag{1.63}$$

$$y(t)=\boldsymbol{b}^{\mathrm{T}}\boldsymbol{x}(t) \tag{1.64}$$

すなわち，システム(1.55)，(1.56) の $\boldsymbol{A}$, $\boldsymbol{b}$, $\boldsymbol{c}$ をそれぞれ $\boldsymbol{A}^{\mathrm{T}}$, $\boldsymbol{c}$, $\boldsymbol{b}^{\mathrm{T}}$ におきかえて新たなシステムを定義した．このシステムの伝達関数は

$$G'(s)=\boldsymbol{b}^{\mathrm{T}}(s\boldsymbol{I}-\boldsymbol{A}^{\mathrm{T}})^{-1}\boldsymbol{c} \tag{1.65}$$

スカラーは転置しても変わらないので

$$G'(s)=[\boldsymbol{b}^{\mathrm{T}}(s\boldsymbol{I}-\boldsymbol{A}^{\mathrm{T}})^{-1}\boldsymbol{c}]^{\mathrm{T}}=\boldsymbol{c}^{\mathrm{T}}(s\boldsymbol{I}-\boldsymbol{A})^{-1}\boldsymbol{b}=G(s) \tag{1.66}$$

である．このように，システム(1.55)，(1.56) とシステム(1.63)，(1.64) は基本的に異なるシステムであるが，それらの伝達関数は等しい．

システム(1.55)，(1.56) とシステム(1.63)，(1.64) は双対（dual）の関係にあるという．この 2 つのシステムは初期条件を 0 としたときの入出力関係が等しい．

**[例題 1.5]**

例 1.3 で相似変換によって得たシステムと双対な関係にあるシステムを求めよ．

[解]

例 1.3 で，$\bar{\boldsymbol{A}}$, $\bar{\boldsymbol{b}}$, $\bar{\boldsymbol{c}}^{\mathrm{T}}$ のそれぞれの転置は

$$\bar{A}^{\mathrm{T}}=\begin{bmatrix}-a_3 & 1 & 0\\ -a_2 & 0 & 1\\ -a_1 & 0 & 0\end{bmatrix},\quad \bar{b}^{\mathrm{T}}=[1\quad 0\quad 0],\quad \bar{c}=\begin{bmatrix}b_3\\ b_2\\ b_1\end{bmatrix}$$

であるから，双対システム（dual system）は

$$\dot{x}(t)=\begin{bmatrix}-a_3 & 1 & 0\\ -a_2 & 0 & 1\\ -a_1 & 0 & 0\end{bmatrix}x(t)+\begin{bmatrix}b_3\\ b_2\\ b_1\end{bmatrix}u(t) \tag{1.67}$$

$$y(t)=[1\quad 0\quad 0]x(t) \tag{1.68}$$

である．

## 演 習 問 題

**1.1** 図 A の電気回路において，外部から加える電圧 $u(t)$ を入力とし，図の端子電圧 $y(t)$ を出力とする．

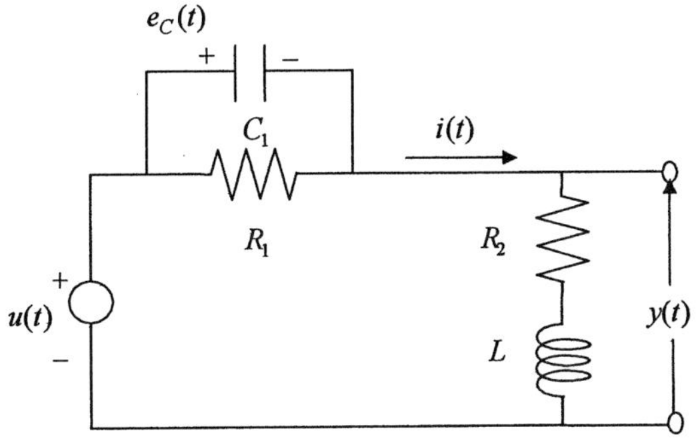


**図 A**

(1) この回路の状態方程式表現を求めよ．ただし，コイルに流れる電流を $i(t)$ を状態変数の 1 つに選べ．

(2) $u(t)$ から $y(t)$ までの伝達関数を求めよ．

**1.2** 入力 $u(t)$ と出力 $y(t)$ の関係が 2 階の微分方程式

$$\frac{d^2y(t)}{dt^2}+a_2\frac{dy(t)}{dt}+a_1y(t)=b_3\frac{d^2u(t)}{dt^2}+b_2\frac{du(t)}{dt}+b_1u(t)$$

で表されるシステムがある．

(1) 状態変数を

$$x_1(t)=y(t), \quad x_2(t)=\frac{dx_1(t)}{dt}-\beta_1 u(t)$$

と定義したときの状態方程式表現を求めよ。

(2) このとき，入力行列 $\boldsymbol{b}=[\beta_1 \quad \beta_2]^{\mathrm{T}}$ の各要素が式(1.30) で表されることを確かめよ。

**1.3** 図Bのシステムにおいて，$u(t)$ を入力，$y(t)$ を出力とする。(a) および (b) のそれぞれについて次の問に答えよ。

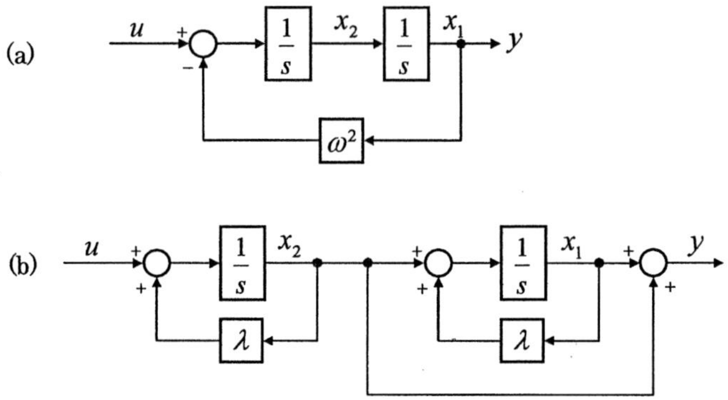


図B

(1) $u(t)$ から $y(t)$ までの伝達関数を，ブロック線図の簡単化で求めよ。

(2) このシステムの微分方程式を求めよ。

(3) このシステムの状態方程式表現を求めよ。

(4) 状態方程式表現から求められる伝達関数が (1) で求めたものと一致することを確かめよ。

# 2 線形システムの解析

本章では，線形システムの時間的なふるまいが数学的にどのように記述されるかを明らかにした後，それを支配するシステム行列の固有値と伝達関数の関係を示す．また，伝達関数だけでは表すことのできない可制御性と可観測性のような重要な性質を示すとともに，伝達関数から状態方程式表現を得るための方法を説明する．最後に，状態方程式表現で表されるシステムの安定性についてふれる．

## 2.1 線形システムの解

$n$ 次システム

$$\dot{\boldsymbol{x}}(t)=\boldsymbol{A}\boldsymbol{x}(t)+\boldsymbol{b}u(t) \tag{2.1}$$

$$y(t)=\boldsymbol{c}^{\mathrm{T}}\boldsymbol{x}(t) \tag{2.2}$$

の解を求めてみよう．

まず，$u(t)=0$ としたときの同次微分方程式（homogeneous linear differential equation）

$$\dot{\boldsymbol{x}}(t)=\boldsymbol{A}\boldsymbol{x}(t) \tag{2.3}$$

を考える．$t=0$ での初期状態を $\boldsymbol{x}(0)=\boldsymbol{x}_0$ とする．この同次微分方程式にラプラス変換を適用し，$\boldsymbol{X}(s)$（$=L[\boldsymbol{x}(t)]$）について解くと

$$\boldsymbol{X}(s)=(s\boldsymbol{I}-\boldsymbol{A})^{-1}\boldsymbol{x}_0 \tag{2.4}$$

式(2.4) 両辺を逆変換すると

$$\boldsymbol{x}(t)=L^{-1}[(s\boldsymbol{I}-\boldsymbol{A})^{-1}]\boldsymbol{x}_0 \tag{2.5}$$

式(2.5) 右辺の $(s\boldsymbol{I}-\boldsymbol{A})^{-1}$ の逆変換はどのような時間関数になるのであろうか．

まず，次の等式が成り立つことに注意しよう．

$$(s\boldsymbol{I}-\boldsymbol{A})^{-1}=\frac{1}{s}\left(\boldsymbol{I}+\frac{1}{s}\boldsymbol{A}+\frac{1}{s^2}\boldsymbol{A}^2+\cdots\right)$$

$$=\frac{1}{s}\boldsymbol{I}+\frac{1}{s^2}\boldsymbol{A}+\frac{1}{s^3}\boldsymbol{A}^2+\cdots \tag{2.6}$$

ただし，右辺の無限級数の収束性が保証されるように $s$ を十分大きくとる．

式(2.6) の右辺のラプラス逆変換を求めると

$$L^{-1}[(s\boldsymbol{I}-\boldsymbol{A})^{-1}]=\boldsymbol{I}+t\boldsymbol{A}+\frac{t^2}{2!}\boldsymbol{A}^2+\cdots+\frac{t^k}{k!}\boldsymbol{A}^k+\cdots \tag{2.7}$$

となる．そこで，指数関数の定義を行列に拡張して，上式右辺を

$$e^{\boldsymbol{A}t}=\boldsymbol{I}+t\boldsymbol{A}+\frac{t^2}{2!}\boldsymbol{A}^2+\cdots+\frac{t^k}{k!}\boldsymbol{A}^k+\cdots \tag{2.8}$$

と定義し，行列指数関数（matrix exponential function）$e^{\boldsymbol{A}t}$ を導入する．この行列指数関数を状態推移行列（state transition matrix）という．以上のことから，式(2.5) は

$$\boldsymbol{x}(t)=e^{\boldsymbol{A}t}\boldsymbol{x}_0 \tag{2.9}$$

のように表すことができる．

状態推移行列は，その定義より次の性質をもつ．

(1) $e^{\boldsymbol{A}t}$ は正則で，かつ $[e^{\boldsymbol{A}t}]^{-1}=e^{-\boldsymbol{A}t}$

(2) $\dfrac{d}{dt}e^{\boldsymbol{A}t}=\boldsymbol{A}e^{\boldsymbol{A}t}$

(3) $e^{\boldsymbol{A}(t_1+t_2)}=e^{\boldsymbol{A}t_1}\cdot e^{\boldsymbol{A}t_2}$

**[例題 2.1]**

$t=t_0$ における初期状態を $\boldsymbol{x}_0$ とするとき，

$$\boldsymbol{x}(t)=e^{\boldsymbol{A}(t-t_0)}\boldsymbol{x}_0$$

が同次微分方程式(2.3) の解となることを状態推移行列の性質を使って示せ．

［解］

与式は，上の状態推移行列の性質 (3) より

$$\boldsymbol{x}(t)=e^{\boldsymbol{A}t}e^{\boldsymbol{A}(-t_0)}\boldsymbol{x}_0$$

両辺を微分すると状態推移行列の性質 (2)，(3) より

$$\dot{\boldsymbol{x}}(t)=\boldsymbol{A}\cdot e^{\boldsymbol{A}t}e^{\boldsymbol{A}(-t_0)}\boldsymbol{x}_0=\boldsymbol{A}\cdot e^{\boldsymbol{A}(t-t_0)}\boldsymbol{x}_0=\boldsymbol{A}\boldsymbol{x}(t)$$

**(例 2.1)**

行列を

$$\boldsymbol{A}=\begin{bmatrix}-1 & 0\\ 0 & -2\end{bmatrix}$$

とすると状態推移行列は

$$e^{\boldsymbol{A}t}=L^{-1}[(s\boldsymbol{I}-\boldsymbol{A})^{-1}]=L^{-1}\left[\left(s\boldsymbol{I}-\begin{bmatrix}-1 & 0\\ 0 & -2\end{bmatrix}\right)^{-1}\right]$$

$$=L^{-1}\left[\begin{bmatrix}s+1 & 0\\ 0 & s+2\end{bmatrix}^{-1}\right]=\begin{bmatrix}e^{-t} & 0\\ 0 & e^{-2t}\end{bmatrix}$$

**[例題 2.2]**

行列 $\boldsymbol{A}$ が次のように与えられたときの状態推移行列を求めよ.

$$\boldsymbol{A}=\begin{bmatrix}0 & 1\\ 0 & -1\end{bmatrix}$$

[解]

$$e^{\boldsymbol{A}t}=L^{-1}[(s\boldsymbol{I}-\boldsymbol{A})^{-1}]=L^{-1}\left[\begin{bmatrix}s & -1\\ 0 & s+1\end{bmatrix}^{-1}\right]$$

$$=L^{-1}\left[\frac{1}{s(s+1)}\begin{bmatrix}s+1 & 1\\ 0 & s\end{bmatrix}\right]$$

$$=L^{-1}\left[\begin{bmatrix}\dfrac{1}{s} & \dfrac{1}{s}-\dfrac{1}{s+1}\\ 0 & \dfrac{1}{s+1}\end{bmatrix}\right]=\begin{bmatrix}1 & 1-e^{-t}\\ 0 & e^{-t}\end{bmatrix}$$

状態方程式(2.1) について，初期状態 $\boldsymbol{x}(t_0)=\boldsymbol{x}_0$ と入力 $u(t)$ $(t\geqq t_0)$ を与えたときの解は，状態推移行列の性質を使って次のようにして求めることができる.

まず，状態方程式(2.1) を

$$\dot{\boldsymbol{x}}(t)-\boldsymbol{A}\boldsymbol{x}(t)=\boldsymbol{b}u(t)$$

と変形し，この両式に $e^{-\boldsymbol{A}t}$ をかけると

$$e^{-\boldsymbol{A}t}(\dot{\boldsymbol{x}}(t)-\boldsymbol{A}\boldsymbol{x}(t))=e^{-\boldsymbol{A}t}\boldsymbol{b}u(t) \tag{2.10}$$

この式の左辺は，行列指数関数の性質 (2) により

$$\frac{d}{dt}e^{-\boldsymbol{A}t}\boldsymbol{x}(t)$$

に等しい．ゆえに，式(2.10) は

$$\frac{d}{dt}e^{-\boldsymbol{A}t}\boldsymbol{x}(t)=e^{-\boldsymbol{A}t}\boldsymbol{b}u(t)$$

となる．この両辺を積分すると

$$e^{-\boldsymbol{A}t}\boldsymbol{x}(t)-e^{-\boldsymbol{A}t_0}\boldsymbol{x}_0=\int_{t_0}^{t}e^{-\boldsymbol{A}\tau}\boldsymbol{b}u(\tau)\,d\tau \tag{2.11}$$

両辺に $\boldsymbol{e}^{At}$ をかけ，行列指数関数の性質 (1)，(2) を使って整理すると

$$\boldsymbol{x}(t)=e^{\boldsymbol{A}(t-t_0)}\boldsymbol{x}_0+\int_{t_0}^{t}e^{\boldsymbol{A}(t-\tau)}\boldsymbol{b}u(\tau)\,d\tau \tag{2.12}$$

となる．

出力の時間応答は上式の左から $\boldsymbol{c}^{\mathrm{T}}$ をかけたものであるので

$$y(t)=\boldsymbol{c}^{\mathrm{T}}\left\{e^{\boldsymbol{A}(t-t_0)}\boldsymbol{x}_0+\int_{t_0}^{t}e^{\boldsymbol{A}(t-\tau)}\boldsymbol{b}u(\tau)\,d\tau\right\} \tag{2.13}$$

である．

## 2.2　A の固有値と伝達関数の極

システム(2.1)，(2.2) の伝達関数は，前述のように

$$G(s)=\boldsymbol{c}^{\mathrm{T}}(s\boldsymbol{I}-\boldsymbol{A})^{-1}\boldsymbol{b}$$
$$=\frac{\boldsymbol{c}^{\mathrm{T}}\mathrm{adj}(s\boldsymbol{I}-\boldsymbol{A})\,\boldsymbol{b}}{\det(s\boldsymbol{I}-\boldsymbol{A})} \tag{2.14}$$

である．

いま，式(2.14) の分母を

$$a(s)=\det(s\boldsymbol{I}-\boldsymbol{A})=s^n+a_ns^{n-1}+\cdots+a_1 \tag{2.15}$$

とおく．

$a(s)$ を $\boldsymbol{A}$ の特性多項式（characteristic polynomial）という．特性多項式

の根を $\boldsymbol{A}$ の固有値（eigen value）という．$\boldsymbol{A}$ が1.2節で述べたコンパニオン行列ならば，その特性多項式の係数は $\boldsymbol{A}$ の最後の行の成分からただちに得られることに注意しよう．

1.4節で，システムは相似変換によって伝達関数が変わらないことを述べた．ここでは，特性多項式もまた相似変換によって変わらないことを示そう．相似変換の正則行列を $\boldsymbol{T}$ とすると

$$\begin{aligned}\det(s\boldsymbol{I}-\bar{\boldsymbol{A}})&=\det(s\boldsymbol{I}-\boldsymbol{T}^{-1}\boldsymbol{A}\boldsymbol{T})=\det(\boldsymbol{T}^{-1})\det(s\boldsymbol{I}-\boldsymbol{A})\det(\boldsymbol{T})\\&=\det(s\boldsymbol{I}-\boldsymbol{A})\end{aligned} \tag{2.16}$$

となり，特性多項式は変わらない．

伝達関数(2.14) の形から，その極は $\boldsymbol{A}$ の固有値となることがわかる．しかし逆は必ずしもいえない．式(2.14) 右辺の分母多項式と分子多項式に共通因子があることもあるからである．

それでは，どのようなときに伝達関数の極と $\boldsymbol{A}$ の固有値が一致するのであろうか．

特性多項式の根がすべて異なる場合について考えてみよう．特性多項式の根を $\lambda_1,\lambda_2,\cdots,\lambda_n$ とし，これらがすべて異なるとすれば（根はすべて実数とする），$a(s)$ は次のように因数分解できる．

$$a(s)=(s-\lambda_1)(s-\lambda_2)\cdots(s-\lambda_n) \tag{2.17}$$

このとき，線形代数でよく知られているように，各 $\lambda_i$ について

$$\boldsymbol{A}\boldsymbol{w}_i=\lambda_i\boldsymbol{w}_i \tag{2.18}$$

を満たすベクトル，すなわち固有ベクトル（eigen vector）$\boldsymbol{w}_i$ が存在し，これらは1次独立である．そこで

$$\boldsymbol{T}=[\boldsymbol{w}_1\quad \boldsymbol{w}_2\quad \cdots\quad \boldsymbol{w}_n] \tag{2.19}$$

と定義すると，行列 $\boldsymbol{T}$ は正則である．この $\boldsymbol{T}$ で $n$ 次システム(2.1)，(2.2)を相次変換すると，行列 $\boldsymbol{A}$ は

$$\bar{\boldsymbol{A}}=\boldsymbol{T}^{-1}\boldsymbol{A}\boldsymbol{T}=\begin{bmatrix}\lambda_1 & 0 & \cdots & 0\\ 0 & \lambda_2 & \cdots & 0\\ \vdots & \vdots & & \vdots\\ \vdots & \vdots & & \vdots\\ 0 & 0 & \cdots & \lambda_n\end{bmatrix} \tag{2.20}$$

となる．

したがって，$\bar{\boldsymbol{A}}$，$\bar{\boldsymbol{b}}=\boldsymbol{T}^{-1}\boldsymbol{b}=[\bar{b}_1 \quad \bar{b}_2 \quad \cdots \quad \bar{b}_n]^{\mathrm{T}}$，$\bar{\boldsymbol{c}}^{\mathrm{T}}=\boldsymbol{c}^{\mathrm{T}}\boldsymbol{T}=[\bar{c}_1 \quad \bar{c}_2 \quad \cdots \quad \bar{c}_n]$ によって伝達関数 $G(s)$ を求めると

$$G(s)=\bar{\boldsymbol{c}}^{\mathrm{T}}(s\boldsymbol{I}-\bar{\boldsymbol{A}})^{-1}\bar{\boldsymbol{b}}=\sum_{i=1}^{n}\frac{\bar{c}_i\bar{b}_i}{s-\lambda_i} \tag{2.21}$$

となる．

この伝達関数の形から次の結論が導ける．すべての $\bar{c}_i\bar{b}_i$ が 0 でない，すなわち，すべての $\bar{c}_i$ と $\bar{b}_i$ が 0 でなければ，$\boldsymbol{A}$ の固有値と伝達関数 $G(s)$ の極は等しい（したがって，式(2.14) 右辺の分母多項式と分子多項式は共通因子をもたない)．

**[例題 2.3]**

$\boldsymbol{A}$，$\boldsymbol{b}$，$\boldsymbol{c}$ が次のように与えられる 2 次システムについて，その伝達関数を求めよ．また，式(2.19) の変換行列 $\boldsymbol{T}$ を求め，式(2.21) を計算し，上記に述べたことを確かめよ．

$$\boldsymbol{A}=\begin{bmatrix}-2 & 0\\ -1 & -1\end{bmatrix},\quad \boldsymbol{b}=\begin{bmatrix}1\\1\end{bmatrix},\quad \boldsymbol{c}=\begin{bmatrix}0\\1\end{bmatrix}$$

[解]

伝達関数は式(1.44) より，

$$G(s)=[0 \quad 1]\begin{bmatrix}s+2 & 0\\ 1 & s+1\end{bmatrix}^{-1}\begin{bmatrix}1\\1\end{bmatrix}=[0 \quad 1]\frac{1}{(s+1)(s+2)}\begin{bmatrix}s+1 & 0\\ -1 & s+2\end{bmatrix}\begin{bmatrix}1\\1\end{bmatrix}$$

$$=\frac{-1}{(s+1)(s+2)}+\frac{1}{s+1}=\frac{s+1}{(s+1)(s+2)}$$

$$=\frac{1}{s+2} \qquad ((s+1)\text{ が分母・分子で約分})$$

$\boldsymbol{A}$ の固有値は

$$\det(\lambda\boldsymbol{I}-\boldsymbol{A})=\det\begin{bmatrix}\lambda+2 & 0\\ 1 & \lambda+1\end{bmatrix}=(\lambda+2)(\lambda+1)=0$$

より，$\lambda_1=-2$，$\lambda_2=-1$ の 2 つである．

固有方程式は，$\lambda_1=-2$ について

$$\begin{bmatrix}-2 & 0\\ -1 & -1\end{bmatrix}\begin{bmatrix}w_{11}\\ w_{21}\end{bmatrix}=-2\cdot\begin{bmatrix}w_{11}\\ w_{21}\end{bmatrix}$$

$\lambda_2=-1$ について

$$\begin{bmatrix}-2 & 0\\ -1 & -1\end{bmatrix}\begin{bmatrix}w_{12}\\ w_{22}\end{bmatrix}=-1\cdot\begin{bmatrix}w_{12}\\ w_{22}\end{bmatrix}$$

である．これを解いて，

$$\boldsymbol{T}=\begin{bmatrix}w_{11} & w_{12}\\ w_{21} & w_{22}\end{bmatrix}=\begin{bmatrix}1 & 0\\ 1 & 1\end{bmatrix},\quad \boldsymbol{T}^{-1}=\begin{bmatrix}1 & 0\\ -1 & 1\end{bmatrix}$$

$$\boldsymbol{T}^{-1}\boldsymbol{A}\boldsymbol{T}=\begin{bmatrix}-2 & 0\\ 0 & -1\end{bmatrix},\quad \bar{\boldsymbol{b}}=\boldsymbol{T}^{-1}\boldsymbol{b}=\begin{bmatrix}1\\ 0\end{bmatrix},\quad \bar{\boldsymbol{c}}^{\mathrm{T}}=\boldsymbol{c}^{\mathrm{T}}\boldsymbol{T}=[1\quad 1]$$

より，

$$G(s)=\bar{\boldsymbol{c}}^{\mathrm{T}}(s\boldsymbol{I}-\bar{\boldsymbol{A}})^{-1}\bar{\boldsymbol{b}}=[1\quad 1]\begin{bmatrix}s+2 & 0\\ 0 & s+1\end{bmatrix}^{-1}\begin{bmatrix}1\\ 0\end{bmatrix}=\frac{1\cdot 1}{s+2}+\frac{1\cdot 0}{s+1}=\frac{1}{s+2}$$

となって，極は $s=-2$ だけである．

## 2.3　可制御性と可観測性

状態方程式(2.1) で表されるシステムにおいて，$t=t_0$ のときの初期状態 $\boldsymbol{x}_0$ から出発して，時刻 $t_1$ のときに，入力 $u(t)$ $(t_0\leqq t\leqq t_1)$ によって到達する状態は

$$\boldsymbol{x}(t_1)=e^{\boldsymbol{A}(t_1-t_0)}\boldsymbol{x}_0+\int_{t_0}^{t_1}e^{\boldsymbol{A}(t_1-\tau)}\boldsymbol{b}u(\tau)\,d\tau \tag{2.22}$$

である．

もし，任意のベクトル $\boldsymbol{x}_1$ に対し，有限な時刻 $t_1$ $(\geqq t_0)$ と入力 $u(t)$ $(t_0\leqq t\leqq t_1)$ が存在し，$\boldsymbol{x}(t_1)=\boldsymbol{x}_1$ とできるならば，システム(2.1) の状態 $\boldsymbol{x}_0$ は可制御 (controllable) であるという．また，すべての状態が可制御ならば，システム(2.1) は完全可制御 (completely controllable) である，あるいは単に可制御であるという ($(\boldsymbol{A},\boldsymbol{b})$ は可制御である，という表現もある)．

上記の定義において初期時刻 $t_0$ を 0 としても一般性を失わない．なぜなら，ベクトル $\boldsymbol{x}_1$ に対し，ある入力 $u(t)$ が存在して $\boldsymbol{x}(t_1)=\boldsymbol{x}_1$ とできるならば，

$u(t)$ を $t_0$ だけ進ませた時間関数を入力とすれば，$\boldsymbol{x}(0)=\boldsymbol{x}_0$ から出発して時刻 $t_1-t_0$ で状態 $\boldsymbol{x}_1$ に到達できるからである．

システムの可制御性は出力方程式には関係しない．可制御かどうかは状態方程式の係数行列 $\boldsymbol{A}$ とベクトル $\boldsymbol{b}$ によって決まる．いま，次の $n\times n$ 行列を定義する．

$$\boldsymbol{C}(\boldsymbol{A},\boldsymbol{b})=[\boldsymbol{b}\quad \boldsymbol{A}\boldsymbol{b}\quad \boldsymbol{A}^2\boldsymbol{b}\quad \cdots\quad \boldsymbol{A}^{n-1}\boldsymbol{b}] \tag{2.23}$$

この行列を可制御性行列（controllable matrix）という．

**システム(2.1) が可制御であるための必要十分条件は，可制御性行列 $\boldsymbol{C}(\boldsymbol{A},\boldsymbol{b})$ が正則なことである．**

**（例 2.2）**

例 1.1 で求めた状態方程式について，例 1.2 から

$$\boldsymbol{A}\boldsymbol{b}=\begin{bmatrix}0 & 1\\ -1 & -2\alpha\end{bmatrix}\begin{bmatrix}1\\ 1-2\alpha\end{bmatrix}=\begin{bmatrix}1-2\alpha\\ 4\alpha^2-2\alpha-1\end{bmatrix}$$

よって

$$\boldsymbol{C}(\boldsymbol{A},\boldsymbol{b})=\begin{bmatrix}1 & 1-2\alpha\\ 1-2\alpha & 4\alpha^2-2\alpha-1\end{bmatrix}$$

$$\therefore\ \det \boldsymbol{C}(\boldsymbol{A},\boldsymbol{b})=2(\alpha-1)$$

すなわち，$\alpha\neq 1$ なら可制御である．

**［例題 2.4］**

例題 2.3 のシステムの可制御性を調べよ．

［解］

$$\boldsymbol{A}=\begin{bmatrix}-2 & 0\\ -1 & -1\end{bmatrix},\quad \boldsymbol{b}=\begin{bmatrix}1\\ 1\end{bmatrix}$$

に対して，

$$\det \boldsymbol{C}(\boldsymbol{A},\boldsymbol{b})=\det[\boldsymbol{b}\quad \boldsymbol{A}\boldsymbol{b}]=\det\begin{bmatrix}1 & -2\\ 1 & -2\end{bmatrix}=0$$

であるから，このシステムは可制御ではない．

次に，状態方程式(2.1) と出力方程式(2.2) で表されるシステムにおいて，ある適当な時刻 $t_1$ で，出力 $y(t)$ ($t_0 \leqq t \leqq t_1$) と入力 $u(t)$ ($t_0 \leqq t \leqq t_1$) を観測することによって初期状態 $\boldsymbol{x}(t_0)$ を決定できるとき，状態 $\boldsymbol{x}(t_0)$ は可観測 (observable) であるという．すべての初期状態が可観測ならば，システムは完全可観測 (completely observable) である，あるいは単に可観測であるという (($\boldsymbol{A}, \boldsymbol{c}$) は可観測である，という表現もある)．

この定義も，初期時刻 $t_0$ を 0 としても一般性を失わない．また，出力は

$$\boldsymbol{y}(t)=\boldsymbol{c}^{\mathrm{T}}\boldsymbol{e}^{A(t-t_0)}\boldsymbol{x}_0+\boldsymbol{c}^{\mathrm{T}}\int_{t_0}^{t}\boldsymbol{e}^{A(t-\tau)}\boldsymbol{b}u(\tau)\,d\tau \tag{2.24}$$

であるので，

$$z(t)=y(t)-\boldsymbol{c}^{\mathrm{T}}\int_{0}^{t}\boldsymbol{e}^{A(t-\tau)}\boldsymbol{b}u(\tau)\,d\tau=\boldsymbol{c}^{\mathrm{T}}\boldsymbol{e}^{At}\boldsymbol{x}(0) \tag{2.25}$$

とすると，$y(t)$ と $u(t)$ を $0 \leqq t \leqq t_1$ で既知としているので，$z(t)$ も $0 \leqq t \leqq t_1$ で既知である．ゆえに，$\boldsymbol{x}(0)$ が可観測であるということは，$z(t)$ ($0 \leqq t \leqq t_1$) と入力 $u(t)$ ($0 \leqq t \leqq t_1$) から初期状態 $\boldsymbol{x}(0)$ を決定することに等しい．すなわち，可観測性の議論では，入力 $u(t)$ を常に 0 として扱っても一般性を失うことはない．

係数行列 $\boldsymbol{A}$ とベクトル $\boldsymbol{c}$ とにより，次の $n \times n$ 行列を定義する．

$$\boldsymbol{O}(\boldsymbol{A}, \boldsymbol{c})=[\boldsymbol{c} \quad \boldsymbol{A}^{\mathrm{T}}\boldsymbol{c} \quad (\boldsymbol{A}^2)^{\mathrm{T}}\boldsymbol{c} \quad \cdots \quad (\boldsymbol{A}^{n-1})^{\mathrm{T}}\boldsymbol{c}]^{\mathrm{T}} \tag{2.26}$$

この行列を可観測性行列 (observable matrix) という．

**システム(2.1)，(2.2) が可観測となるための必要十分条件は，可観測性行列 $\boldsymbol{O}(\boldsymbol{A}, \boldsymbol{c})$ が正則なことである．**

**(例 2.3)**

例 1.1 で求めた状態方程式について，例 1.2 から

$$\boldsymbol{A}^{\mathrm{T}}\boldsymbol{c}=\begin{bmatrix}0 & -1\\ 1 & -2a\end{bmatrix}\begin{bmatrix}1\\ 0\end{bmatrix}=\begin{bmatrix}0\\ 1\end{bmatrix}$$

よって

$$\det \boldsymbol{O}(\boldsymbol{A}, \boldsymbol{c})=\det\begin{bmatrix}1 & 0\\ 0 & 1\end{bmatrix}=1 \neq 0$$

すなわち，$\boldsymbol{O}(\boldsymbol{A},\boldsymbol{c})$ は正則であり，システムは可観測である．

**[例題 2.5]**

例題 2.3 のシステム可観測性を調べよ．

[解]

$$\boldsymbol{A}=\begin{bmatrix}-2 & 0\\ -1 & -1\end{bmatrix},\quad \boldsymbol{c}=\begin{bmatrix}0\\ 1\end{bmatrix}$$

に対して，

$$\det \boldsymbol{O}(\boldsymbol{A},\boldsymbol{c})=\det[\boldsymbol{c}\quad \boldsymbol{A}^{\mathrm{T}}\boldsymbol{c}]^{\mathrm{T}}=\det\begin{bmatrix}\boldsymbol{c}^{\mathrm{T}}\\ \boldsymbol{c}^{\mathrm{T}}\boldsymbol{A}\end{bmatrix}=\det\begin{bmatrix}0 & 1\\ -1 & -1\end{bmatrix}=1\neq 0$$

であるので，このシステムは可観測である．

ここで，相似変換によって可制御性行列と可観測性行列の正則性が変わらないことを示そう．$\boldsymbol{A}$，$\boldsymbol{b}$，$\boldsymbol{c}$ に対応する相似変換（変換行列を $\boldsymbol{T}$ とする）後の係数行列，ベクトルをそれぞれ $\bar{\boldsymbol{A}}$，$\bar{\boldsymbol{b}}$，$\bar{\boldsymbol{c}}$ とすると

$$\begin{aligned}\boldsymbol{O}(\bar{\boldsymbol{A}},\bar{\boldsymbol{b}})&=[\bar{\boldsymbol{b}}\quad \bar{\boldsymbol{A}}\bar{\boldsymbol{b}}\quad \bar{\boldsymbol{A}}^2\quad \cdots\quad \bar{\boldsymbol{A}}^{n-1}\bar{\boldsymbol{b}}]\\ &=[\boldsymbol{T}^{-1}\boldsymbol{b}\quad \boldsymbol{T}^{-1}\boldsymbol{A}\boldsymbol{T}\boldsymbol{T}^{-1}\boldsymbol{b}\quad \boldsymbol{T}^{-1}\boldsymbol{A}^2\boldsymbol{T}\boldsymbol{T}^{-1}\boldsymbol{b}\quad \cdots\quad \boldsymbol{T}^{-1}\boldsymbol{A}^{n-1}\boldsymbol{T}\boldsymbol{T}^{-1}\boldsymbol{b}]\\ &=\boldsymbol{T}^{-1}[\boldsymbol{b}\quad \boldsymbol{A}\boldsymbol{b}\quad \boldsymbol{A}^2\boldsymbol{b}\quad \cdots\quad \boldsymbol{A}^{n-1}\boldsymbol{b}]\\ &=\boldsymbol{T}^{-1}\boldsymbol{O}(\boldsymbol{A},\boldsymbol{b})\end{aligned}\qquad (2.27)$$

行列 $\boldsymbol{T}$ は正則なので，$\boldsymbol{C}(\bar{\boldsymbol{A}},\bar{\boldsymbol{b}})$ と $\boldsymbol{C}(\boldsymbol{A},\boldsymbol{b})$ の正則性は変わらない．可観測性行列についても同様のことがいえる．

$\boldsymbol{A}$ の固有値を $\lambda_1,\lambda_2,\cdots,\lambda_n$ とし，それらがすべて異なる場合を考えてみよう．前節で述べたように，式(2.19) の正則行列 $\boldsymbol{T}$ によって，$\boldsymbol{A}$ は式(2.20) の対角行列（diagonal matrix）になる．したがって

$$\boldsymbol{C}(\bar{\boldsymbol{A}},\bar{\boldsymbol{b}})=[\bar{\boldsymbol{b}}\quad \bar{\boldsymbol{A}}\bar{\boldsymbol{b}}\quad \bar{\boldsymbol{A}}^2\bar{\boldsymbol{b}}\quad \cdots\quad \bar{\boldsymbol{A}}^{n-1}\bar{\boldsymbol{b}}]$$

$$=\begin{bmatrix}\bar{b}_1 & \lambda_1\bar{b}_1 & \lambda_1{}^2\bar{b}_1 & \cdots & \lambda_1{}^{n-1}\bar{b}_1\\ \bar{b}_2 & \lambda_2\bar{b}_2 & \lambda_2{}^2\bar{b}_2 & \cdots & \lambda_2{}^{n-1}\bar{b}_2\\ \bar{b}_3 & \lambda_3\bar{b}_3 & \lambda_3{}^2\bar{b}_3 & \cdots & \lambda_3{}^{n-1}\bar{b}_3\\ \vdots & \vdots & \vdots & & \vdots\\ \bar{b}_n & \lambda_n\bar{b}_n & \lambda_n{}^2\bar{b}_n & \cdots & \lambda_n{}^{n-1}\bar{b}_n\end{bmatrix}$$

$$=\begin{bmatrix}\bar{b}_1 & 0 & \cdots & 0\\ 0 & \bar{b}_2 & \cdots & 0\\ \vdots & \vdots & \ddots & \vdots\\ 0 & 0 & \cdots & \bar{b}_n\end{bmatrix}\begin{bmatrix}1 & \lambda_1 & \cdots & \lambda_1^{n-1}\\ 1 & \lambda_2 & \cdots & \lambda_2^{n-1}\\ \vdots & \vdots & & \vdots\\ 1 & \lambda_n & \cdots & \lambda_n^{n-1}\end{bmatrix}$$

$$=\boldsymbol{B}\boldsymbol{\Lambda} \tag{2.28}$$

ここで $\boldsymbol{\Lambda}$ の形式の行列をヴァンデルモンデ（Vandermonde）の行列といい，その性質から，$\lambda_1, \lambda_2, \cdots, \lambda_n$ が互いに異なるとしているので $\det \boldsymbol{\Lambda} \neq 0$ である．式(2.28) より，$\det \boldsymbol{C}(\bar{\boldsymbol{A}}, \bar{\boldsymbol{b}}) = \det \boldsymbol{B} \cdot \det \boldsymbol{\Lambda}$ であるから，$\boldsymbol{C}(\boldsymbol{A}, \boldsymbol{b})$ が正則，すなわち可制御であるための必要十分条件は

$$\det \boldsymbol{B} = \bar{b}_1 \bar{b}_2 \cdots \bar{b}_n \neq 0 \tag{2.29}$$

である．

可観測性についても上記と同様にして，可観測であるための必要十分条件が

$$\bar{c}_1 \bar{c}_2 \cdots \bar{c}_n \neq 0 \tag{2.30}$$

であることを示すことができる．

前節で，行列 $\boldsymbol{A}$ の固有値がすべて異なるとき，すべての $\bar{b}_i$ と $\bar{c}_i$ が 0 でないことが，伝達関数(2.14) の右辺の分母多項式と分子多項式が共通因子をもたないための必要十分条件であることを示した．このことは，上記の可制御性，可観測性に関する結果を用いると，次のように言い換えることができる．すなわち，システム(2.1)，(2.2) が可制御かつ可観測であることが伝達関数(2.14) の右辺の分母多項式と分子多項式が共通因子をもたないための必要十分条件である．このことは，重複固有値を含む一般の行列 $\boldsymbol{A}$ の場合にも成り立つ．

互いに双対なシステムの間には可制御性，可観測性について次の興味深い性質がある．

いま，システム（I）

$$\begin{cases}\dot{\boldsymbol{x}}(t) = \boldsymbol{A}\boldsymbol{x}(t) + \boldsymbol{b}u(t)\\ y(t) = \boldsymbol{c}^{\mathrm{T}}\boldsymbol{x}(t)\end{cases} \tag{I}$$

に対し，このシステムに双対なシステム（II）を定義する．

$$\begin{cases}\dot{\boldsymbol{x}}(t) = \boldsymbol{A}^{\mathrm{T}}\boldsymbol{x}(t) + \boldsymbol{c}u(t)\\ y(t) = \boldsymbol{b}^{\mathrm{T}}\boldsymbol{x}(t)\end{cases} \tag{II}$$

このとき，システム（I）が可制御，すなわち $\boldsymbol{C}(\boldsymbol{A},\boldsymbol{b})$ が正則ということと，システム（II）が可観測，すなわち $\boldsymbol{O}(\boldsymbol{A}^{\mathrm{T}},\boldsymbol{b})$ が正則であることとは，等価である．また，システム（I）が可観測，すなわち $\boldsymbol{O}(\boldsymbol{A},\boldsymbol{c})$ が正則ということと，システム（II）が可制御，すなわち $\boldsymbol{C}(\boldsymbol{A}^{\mathrm{T}},\boldsymbol{c})$ が正則であることとは，等価である．すなわち，一方の可制御性（あるいは可観測性）を調べることによって，他方のシステムの可観測性（あるいは可制御性）を知ることができる．このような2つのシステムは，可制御性と可観測性に関し双対な関係にあるという．

**[例題 2.6]**

状態変数を式(1.29) で定義することによって式(1.28) の微分方程式の状態方程式表現を与えた．このときの状態方程式表現が可観測であることを示せ．

[解]

$n$ 次元ベクトル $\boldsymbol{e}_i$ を $n$ 次元単位行列の $i$ 番目の列，すなわち，

$$\boldsymbol{e}_i^{\mathrm{T}}=[0 \quad \cdots \quad 0 \quad \underset{\substack{\uparrow \\ i}}{1} \quad 0 \quad \cdots \quad 0]$$

とする．式(1.25) の $\boldsymbol{A}$ について，次の等式が成立する．

$$\boldsymbol{e}_i^{\mathrm{T}}\boldsymbol{A}=\boldsymbol{e}_{i+1}^{\mathrm{T}}, \quad i=1,2,\cdots,n-1 \tag{2.31}$$

したがって，式(1.27) の $\boldsymbol{c}$ が $\boldsymbol{e}_1$ にほかならないことに注意すると

$$\begin{aligned}\boldsymbol{O}(\boldsymbol{A},\boldsymbol{c})&=[\boldsymbol{c} \quad \boldsymbol{A}^{\mathrm{T}}\boldsymbol{c} \quad \cdots \quad (\boldsymbol{A}^{n-1})^{\mathrm{T}}\boldsymbol{c}]^{\mathrm{T}}\\&=[\boldsymbol{e}_1 \quad \boldsymbol{e}_2 \quad \cdots \quad \boldsymbol{e}_n]^{\mathrm{T}}\\&=\boldsymbol{I}\end{aligned}$$

すなわち，可観測性行列は単位行列となり正則である．

**[例題 2.7]**

式(1.33)，(1.34) のシステムの状態方程式表現が可制御となることを示せ．

[解]

まず，$\zeta_i$ $(i=1,2,\cdots,n)$ を次のように定義する．

$$\zeta_n=\boldsymbol{b}, \quad \boldsymbol{A}\zeta_i=\zeta_{i-1}, \quad i=n,n-1,\cdots,2 \tag{2.32}$$

$\zeta_i$ は1から $i-1$ までの要素が0で，第 $i$ 要素が1となることに注意しよう．

したがって

$$C(A, b) = [\,b \quad Ab \quad \cdots \quad A^{n-1}b\,] = [\,\zeta_n \quad \zeta_{n-1} \quad \cdots \quad \zeta_1\,]$$

$$= \begin{bmatrix} 0 & \cdots & 0 & 1 \\ 0 & \cdots & 1 & \times \\ \vdots & \iddots & \vdots & \vdots \\ 1 & \cdots & \times & \times \end{bmatrix} \quad \text{（これを } \tilde{I} \text{ とおく．× は非零の要素）} \tag{2.33}$$

すなわち，可制御性行列は正則である．

## 2.4 標　　準　　形

すでに述べたように，線形システムは相似変換によって無数の状態方程式表現ができる．しかし，これらの中にはその性質を反映するいくつかの特別な状態方程式表現がある．ここでは，それらのうち対角標準形，可制御標準形，および可観測標準形について説明する．

### a．対角標準形

システム行列 $A$ の固有値 $\lambda_1, \lambda_2, \cdots, \lambda_n$ がすべて相異なるものとするとき，式 (2.19) で定義される相似変換行列 $T$ で $x = Tz$ という座標変換を行い，

$$\bar{A} = T^{-1}AT = \begin{bmatrix} \lambda_1 & 0 & \cdots & 0 \\ 0 & \lambda_2 & \cdots & 0 \\ \vdots & \vdots & \ddots & \vdots \\ \vdots & \vdots & & \vdots \\ 0 & 0 & \cdots & \lambda_n \end{bmatrix} \tag{2.34}$$

$$\bar{b} = T^{-1}b = [\,\bar{b}_1 \quad \bar{b}_2 \quad \cdots \quad \bar{b}_n\,]^{\mathrm{T}} \tag{2.35}$$

$$\bar{c}^{\mathrm{T}} = c^{\mathrm{T}}T = [\,\bar{c}_1 \quad \bar{c}_2 \quad \cdots \quad \bar{c}_n\,] \tag{2.36}$$

とおいてできる形式

$$\begin{cases} \dot{z} = \bar{A}z + \bar{b}u \\ y = \bar{c}^{\mathrm{T}}z \end{cases} \tag{2.37}$$

を対角標準形 (diagonal canonical form) と呼ぶ．

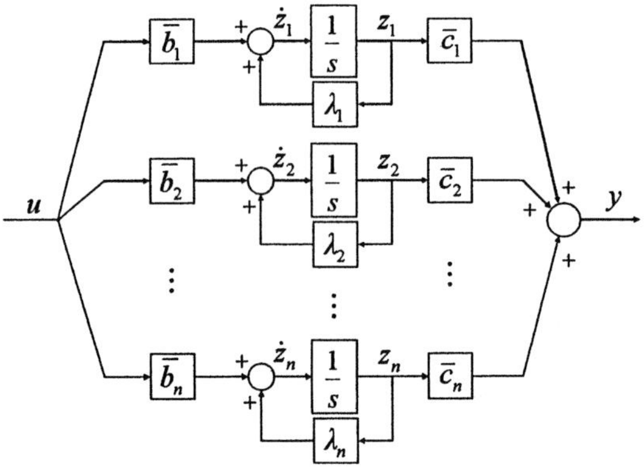


**図 2.1**　対角標準形のブロック図

伝達関数 $G(s)$ は式(2.21) に示されているとおり，

$$G(s)=\bar{\boldsymbol{c}}^{\mathrm{T}}(s\boldsymbol{I}-\bar{\boldsymbol{A}})^{-1}\bar{\boldsymbol{b}}=\sum_{i=1}^{n}\frac{\bar{c}_i\bar{b}_i}{s-\lambda_i} \tag{2.21}$$

となる．

対角標準形のブロック図は図 2.1 のように表される．$z_1(t), z_2(t), \cdots, z_n(t)$ をそれぞれ $\lambda_1, \lambda_2, \cdots, \lambda_n$ に関するモード（mode）と呼ぶ．可制御であるための条件である式(2.29) は，同図で入力 $u(t)$ が必ずどのモードへも伝わることを意味するものである．同様に式(2.30) は，同図ですべてのモードが出力 $y(t)$ へ伝わることを意味するものである．

### b. 可制御標準形

$(\boldsymbol{A}, \boldsymbol{b})$ は可制御とする．特性多項式を

$$\det(s\boldsymbol{I}-\boldsymbol{A})=s^n+a_n s^{n-1}+\cdots+a_2 s+a_1 \tag{2.38}$$

とおき，この係数からつくられる行列 $\boldsymbol{W}$ を

$$
\boldsymbol{W}=\begin{bmatrix} a_2 & a_3 & a_4 & \cdots & a_n & 1 \\ a_3 & a_4 & & a_n & 1 & \\ a_4 & & \cdot^{\cdot^{\cdot}} & \cdot^{\cdot^{\cdot}} & & \\ \vdots & a_n & \cdot^{\cdot^{\cdot}} & & & \\ a_n & 1 & & & \mathbf{0} & \\ 1 & & & & & \end{bmatrix} \tag{2.39}
$$

のように定義する．相似変換行列 $\boldsymbol{T}$ を

$$
\boldsymbol{T}=\boldsymbol{C}(\boldsymbol{A},\boldsymbol{b})\boldsymbol{W}=[\boldsymbol{b}\quad \boldsymbol{A}\boldsymbol{b}\quad \cdots \quad \boldsymbol{A}^{n-1}\boldsymbol{b}]\boldsymbol{W} \tag{2.40}
$$

とすると，これからできる表現

$$
\bar{\boldsymbol{A}}=\boldsymbol{T}^{-1}\boldsymbol{A}\boldsymbol{T}=\begin{bmatrix} 0 & 1 & 0 & \cdots & 0 \\ 0 & 0 & 1 & \ddots & \vdots \\ \vdots & \vdots & \ddots & \ddots & 0 \\ 0 & 0 & \cdots & 0 & 1 \\ -a_1 & -a_2 & -a_3 & \cdots & -a_n \end{bmatrix} \tag{2.41}
$$

$$
\bar{\boldsymbol{b}}=\boldsymbol{T}^{-1}\boldsymbol{b}=[0 \quad \cdots \quad 0 \quad 1]^{\mathrm{T}} \tag{2.42}
$$

$$
\bar{\boldsymbol{c}}^{\mathrm{T}}=\boldsymbol{c}^{\mathrm{T}}\boldsymbol{T}=[\bar{c}_1 \quad \bar{c}_2 \quad \cdots \quad \bar{c}_n] \tag{2.43}
$$

は可制御標準形（controllable canonical form）と呼ばれる．伝達関数は

$$
\begin{aligned} G(s)&=\boldsymbol{c}^{\mathrm{T}}(s\boldsymbol{I}-\boldsymbol{A})^{-1}\boldsymbol{b}=\bar{\boldsymbol{c}}^{\mathrm{T}}(s\boldsymbol{I}-\bar{\boldsymbol{A}})^{-1}\bar{\boldsymbol{b}} \\ &=\frac{\bar{c}_n s^{n-1}+\bar{c}_{n-1}s^{n-2}+\cdots+\bar{c}_2 s+\bar{c}_1}{s^n+a_n s^{n-1}+\cdots+a_2 s+a_1} \end{aligned} \tag{2.44}
$$

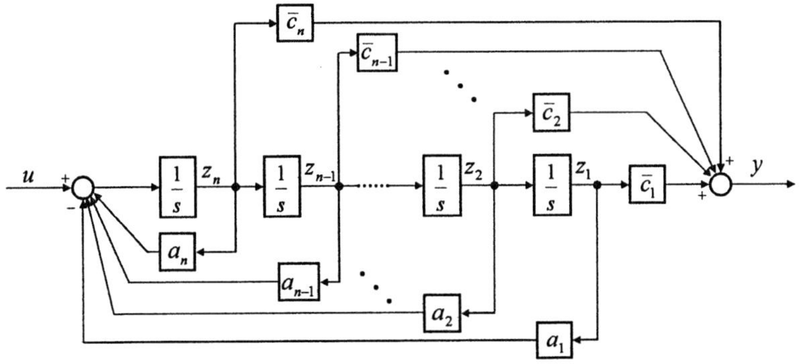


図 2.2　可制御標準形のブロック図

のようになる．ブロック図は図2.2のようになり，入力 $u$ がすべての状態へ必ず伝わることがわかる．可制御標準形は，後で述べる極配置（pole assignment）を行うときに利用される．

### c．可観測標準形

$(\boldsymbol{A},\mathrm{c})$ は可観測とする．相似変換行列 $\boldsymbol{T}$ を

$$\boldsymbol{T}=\{\boldsymbol{WO}(\boldsymbol{A},\boldsymbol{b})\}^{-1}$$
$$=\left\{\begin{bmatrix} a_2 & a_3 & a_4 & \cdots & a_n & 1 \\ a_3 & a_4 & & a_n & 1 & \\ a_4 & & \therefore & \therefore & & \\ \vdots & a_n & \therefore & & & \\ a_n & 1 & & & 0 & \\ 1 & & & & & \end{bmatrix}[\boldsymbol{c}\quad \boldsymbol{A}^{\mathrm{T}}\boldsymbol{c}\quad \cdots\quad (\boldsymbol{A}^{n-1})^{\mathrm{T}}\boldsymbol{c}]^{\mathrm{T}}\right\}^{-1} \tag{2.45}$$

とすると，これからできる表現

$$\bar{\boldsymbol{A}}=\boldsymbol{T}^{-1}\boldsymbol{A}\boldsymbol{T}=\begin{bmatrix} 0 & 0 & \cdots & 0 & -a_1 \\ 1 & 0 & \cdots & 0 & -a_2 \\ 0 & 1 & \ddots & \vdots & -a_3 \\ \vdots & \ddots & \ddots & 0 & \vdots \\ 0 & \cdots & 0 & 1 & -a_n \end{bmatrix} \tag{2.46}$$

$$\bar{\boldsymbol{b}}=\boldsymbol{T}^{-1}\boldsymbol{b}=[\bar{b}_1\quad \bar{b}_2\quad \cdots\quad \bar{b}_n]^{\mathrm{T}} \tag{2.47}$$

$$\bar{\boldsymbol{c}}^{\mathrm{T}}=\boldsymbol{c}^{\mathrm{T}}\boldsymbol{T}=[0\quad \cdots\quad 0\quad 1] \tag{2.48}$$

は可観測標準形（observable canonical form）と呼ばれる．伝達関数は

$$G(s)=\boldsymbol{c}^{\mathrm{T}}(s\boldsymbol{I}-\boldsymbol{A})^{-1}\boldsymbol{b}=\bar{\boldsymbol{c}}^{\mathrm{T}}(s\boldsymbol{I}-\bar{\boldsymbol{A}})^{-1}\bar{\boldsymbol{b}}$$
$$=\frac{\bar{b}_n s^{n-1}+\bar{b}_{n-1}s^{n-2}+\cdots+\bar{b}_2 s+\bar{b}_1}{s^n+a_n s^{n-1}+\cdots+a_2 s+a_1} \tag{2.49}$$

のようになる．ブロック図は図2.3のようになり，すべての状態が出力 $y$ へ必ず伝わることがわかる．可観測標準形は，後で述べるオブザーバ（状態観測器；observer）の設計を行うときに利用される．

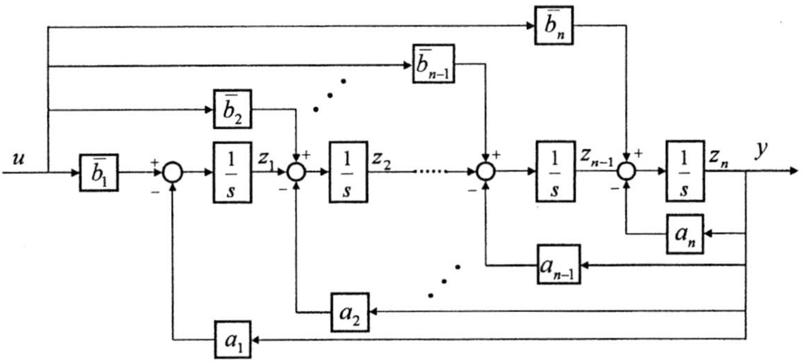


図 2.3 可観測標準形のブロック図

## 2.5 状態方程式と伝達関数の関係および最小実現

伝達関数 $G(s)$ が与えられたとき，それと一致する伝達関数をもつ状態方程式表現を求めることを伝達関数 $G(s)$ の実現（realization）という．とくに，既約な伝達関数 $G(s)$ の実現について，次元が最も小さい $G(s)$ の実現を最小実現（minimal realization）という．

まず，2 つの多項式

$$a(s)=s^n+a_ns^{n-1}+\cdots+a_2s+a_1 \tag{2.50}$$

$$b(s)=b_ns^{n-1}+\cdots+b_2s+b_1 \tag{2.51}$$

が互いに素（coprime）であるための必要十分条件を導いてみよう．

多項式 $a(s)$ の係数を用いて定義される式(1.25) のコンパニオン行列を $\boldsymbol{A}$ で表す．このとき，多項式 $b(s)$ の $s$ を行列 $\boldsymbol{A}$ でおきかえてつくった次の行列多項式（matrix polynamial）を考える．

$$b(\boldsymbol{A})=b_n\boldsymbol{A}^{n-1}+\cdots+b_2\boldsymbol{A}+b_1\boldsymbol{I} \tag{2.52}$$

行列 $\boldsymbol{A}$ の固有値を $\lambda_1,\lambda_2,\cdots,\lambda_n$ とすると，$b(\boldsymbol{A})$ の固有値は $b(\lambda_1),b(\lambda_2),\cdots,b(\lambda_n)$ である．したがって

$$\det b(\boldsymbol{A})=(-1)^n\det(s\boldsymbol{I}-b(\boldsymbol{A}))|_{s=0}=\prod_{i=1}^{n}b(\lambda_i) \tag{2.53}$$

である．この等式より，$a(s)$ と $b(s)$ が互いに素であるための必要十分条件

は $b(\boldsymbol{A})$ の行列式が 0 でないことであるといえる.

次に，伝達関数

$$G(s)=\frac{b_n s^{n-1}+\cdots+b_2 s+b_1}{s^n+a_n s^{n-1}+\cdots+a_2 s+a_1}=\frac{b(s)}{a(s)} \tag{2.54}$$

と等しい伝達関数をもつ状態方程式表現を求めてみよう．ただし，$G(s)$ は必ずしも既約ではないとする.

いま，伝達関数(2.54) と等しい伝達関数をもつ任意の状態方程式表現の係数行列，ベクトルを $\boldsymbol{A}$，$\boldsymbol{b}$，$\boldsymbol{c}$ とする．まず

$$(s\boldsymbol{I}-\boldsymbol{A})^{-1}=\frac{1}{s}(\boldsymbol{I}+\boldsymbol{A}s^{-1}+\boldsymbol{A}^2 s^{-2}+\cdots) \tag{2.55}$$

と一意に展開できるので，

$$G(s)=\boldsymbol{c}^{\mathrm{T}}\boldsymbol{b}s^{-1}+\boldsymbol{c}^{\mathrm{T}}\boldsymbol{A}\boldsymbol{b}s^{-2}+\boldsymbol{c}^{\mathrm{T}}\boldsymbol{A}^2\boldsymbol{b}s^{-3}+\cdots \tag{2.56}$$

と表せる．そこで，

$$\boldsymbol{M}=\begin{bmatrix} \boldsymbol{c}^{\mathrm{T}}\boldsymbol{b} & \boldsymbol{c}^{\mathrm{T}}\boldsymbol{A}\boldsymbol{b} & \cdots & \boldsymbol{c}^{\mathrm{T}}\boldsymbol{A}^{n-1}\boldsymbol{b} \\ \boldsymbol{c}^{\mathrm{T}}\boldsymbol{A}\boldsymbol{b} & \boldsymbol{c}^{\mathrm{T}}\boldsymbol{A}^2\boldsymbol{b} & \cdots & \boldsymbol{c}^{\mathrm{T}}\boldsymbol{A}^{n}\boldsymbol{b} \\ \vdots & \vdots & & \vdots \\ \boldsymbol{c}^{\mathrm{T}}\boldsymbol{A}^{n-1}\boldsymbol{b} & \boldsymbol{c}^{\mathrm{T}}\boldsymbol{A}^{n}\boldsymbol{b} & \cdots & \boldsymbol{c}^{\mathrm{T}}\boldsymbol{A}^{2n-2}\boldsymbol{b} \end{bmatrix} \tag{2.57}$$

と定義する．この行列の要素は $\boldsymbol{A}$，$\boldsymbol{b}$，$\boldsymbol{c}$ で表されているが，伝達関数に対応して一意に決まる．すなわち，その伝達関数が $G(s)$ に等しい他の状態方程式表現の係数行列，ベクトルを $\boldsymbol{A}'$，$\boldsymbol{b}'$，$\boldsymbol{c}'$ とし，上記の行列 $\boldsymbol{M}'$ を求めると $\boldsymbol{M}=\boldsymbol{M}'$ である．また，可制御性行列と可観測性行列の定義から

$$\boldsymbol{M}=\boldsymbol{O}(\boldsymbol{A},\boldsymbol{c})\,\boldsymbol{C}(\boldsymbol{A},\boldsymbol{b}) \tag{2.58}$$

であることを確かめることができる．したがって，$\boldsymbol{A}$，$\boldsymbol{b}$，$\boldsymbol{c}$ による状態方程式表現が完全可観測，完全可制御のとき，かつそのときのみ $\boldsymbol{M}$ は正則である.

式(2.57) の伝達関数は，式(1.51) の伝達関数において，$b_{n+1}$ を 0 とおいたものである．したがって，$b_{n+1}=0$ としたときのシステム(1.28) の伝達関数はこの $G(s)$ に等しいので，1.2 節の方法で 1 つの実現を得ることができる．すなわち，分母多項式の次数に等しい次元の状態方程式表現が必ず存在する．この状態方程式表現の式(1.25) による $\boldsymbol{A}$，式(1.31) による $\boldsymbol{b}$（ただし，

$b_{n+1}=0$ として定義したもの）および式(1.27) による $\boldsymbol{c}$ をそれぞれ $\boldsymbol{A}_o$，$\boldsymbol{b}_o$，$\boldsymbol{c}_o$ とする．また，$b_{n+1}=0$ としたときのシステム(1.33)，(1.34) の伝達関数も $G(s)$ に等しいので，状態変数を式(1.35) で定義することにより，$G(s)$ のもう 1 つの実現を得ることができる．状態方程式表現の (1.25)，(1.26) による $\boldsymbol{A}$，$\boldsymbol{b}$ を $\boldsymbol{A}_c$ $(=\boldsymbol{A}_o)$，$\boldsymbol{b}_c$ で表す．また，式(1.37) の $\boldsymbol{c}$ を $\boldsymbol{c}_c$ で表す．$\boldsymbol{c}_c$ は，$b_{n+1}$ を 0 としているので

$$\boldsymbol{c}_c^{\mathrm{T}}=[b_1 \quad b_2 \quad \cdots \quad b_n] \tag{2.59}$$

である．

式(2.57) の行列 $\boldsymbol{M}$ の性質より

$$\boldsymbol{M}=\boldsymbol{O}(\boldsymbol{A}_o,\boldsymbol{c}_o)\,\boldsymbol{C}(\boldsymbol{A}_o,\boldsymbol{b}_o)=\boldsymbol{O}(\boldsymbol{A}_c,\boldsymbol{c}_c)\,\boldsymbol{C}(\boldsymbol{A}_c,\boldsymbol{b}_c) \tag{2.60}$$

例題 2.6 と 2.7 の結果から $\boldsymbol{O}(\boldsymbol{A}_o,\boldsymbol{c}_o)=\boldsymbol{I}$，$\boldsymbol{C}(\boldsymbol{A}_c,\boldsymbol{b}_c)=\tilde{\boldsymbol{I}}$ であるので

$$\boldsymbol{C}(\boldsymbol{A}_o,\boldsymbol{b}_o)=\boldsymbol{O}(\boldsymbol{A}_c,\boldsymbol{c}_c)\,\tilde{\boldsymbol{I}} \tag{2.61}$$

ここで，次の関係に注意する．

$$\begin{aligned}\boldsymbol{e}_1^{\mathrm{T}}b(\boldsymbol{A}_c)&=\boldsymbol{c}_c^{\mathrm{T}}\\ \boldsymbol{e}_2^{\mathrm{T}}b(\boldsymbol{A}_c)&=\boldsymbol{c}_c^{\mathrm{T}}\boldsymbol{A}_c\\ &\vdots\\ \boldsymbol{e}_n^{\mathrm{T}}b(\boldsymbol{A}_c)&=\boldsymbol{c}_c^{\mathrm{T}}\boldsymbol{A}_c^{n-1}\end{aligned} \tag{2.62}$$

すなわち

$$b(\boldsymbol{A}_c)=\begin{bmatrix}\boldsymbol{c}_c^{\mathrm{T}}\\ \boldsymbol{c}_c^{\mathrm{T}}\boldsymbol{A}_c\\ \vdots\\ \boldsymbol{c}_c^{\mathrm{T}}\boldsymbol{A}_c^{n-1}\end{bmatrix}=\boldsymbol{O}(\boldsymbol{A}_c,\boldsymbol{c}_c) \tag{2.63}$$

式(2.61)，(2.63) より

$$\boldsymbol{C}(\boldsymbol{A}_o,\boldsymbol{b}_o)=b(\boldsymbol{A}_c)\,\tilde{\boldsymbol{I}} \tag{2.64}$$

である．ゆえに，$\boldsymbol{C}(\boldsymbol{A}_o,\boldsymbol{b}_o)$ は，$b(\boldsymbol{A}_c)$ が正則のとき，かつそのときにのみ正則である．このことから，次の結論が導ける．

**システム(1.28) の状態方程式表現（これは完全可観測である）が完全可制御であることが，伝達関数(2.54) が既約であるための必要十分条件である．**

1.3 節で述べたように，$n$ 次の状態方程式表現の伝達関数の分母多項式の次数は高々 $n$ 次である．その分母多項式の次数が $n$ に等しい伝達関数 $G(s)$ が

与えられたとき，上で述べたように，完全可観測な $n$ 次の状態方程式表現が存在する．また，その伝達関数が $G(s)$ に等しい任意の状態方程式表現の係数行列，ベクトルを $\boldsymbol{A}$，$\boldsymbol{b}$，$\boldsymbol{c}$ とすると，式(2.58) より

$$\boldsymbol{M}=\boldsymbol{C}(\boldsymbol{A}_o,\boldsymbol{b}_o)=\boldsymbol{O}(\boldsymbol{A},\boldsymbol{c})\boldsymbol{C}(\boldsymbol{A},\boldsymbol{b}) \tag{2.65}$$

$\boldsymbol{M}$ が正則，すなわち $\boldsymbol{C}(\boldsymbol{A}_o,\boldsymbol{b}_o)$ が正則となるのは，式(2.65) の右辺が正則であるとき，かつそのときに限る．したがって，次のことが成り立つ．

**状態方程式表現が完全可観測かつ完全可制御であることが，その伝達関数が既約となるための必要十分条件である．**

伝達関数 $G(s)$ が与えられたとしよう．もし，それが，既約でないなら共通因子を約分して既約にし，それを改めて $G(s)$ とする．このときの分母多項式の次数を $n$ とすると，その伝達関数が $G(s)$ に一致する $n$ 次の可制御，可観測な実現が存在する．もし，$n$ 次より小さい状態方程式表現があるとすれば，その伝達関数の分母多項式の次数は $n$ より小さくなければならないので，$G(s)$ の分母，分子が既約で，分母の次数が $n$ ということに反してしまう．したがって，$n$ が $G(s)$ の実現の最小次数である．

**(例 2.4)**

例 1.2 の伝達関数は，可制御でないとき，すなわち $\alpha=1$ のとき分母・分子に共通因子 $(s+1)$ が生じ，これが約されて

$$G(s)=\frac{1}{s+1}$$

となる．これは極 $(-1)$ との零点 $(-1)$ が消去されていることを意味する．

## 2.6 安　定　性

システムに任意の有界入力を印加し，その結果有界出力を生じるとき，このシステムは有界入力-有界出力（BIBO：bounded input-bounded output）安定であると定義される．BIBO 安定であるための必要十分条件は

$$\int_0^{\infty}|g(t)|dt<\infty \tag{2.66}$$

である．ここに，$g(t)$ はシステムの重み関数である．このことは，伝達関数 $G(s)=L[g(t)]$ の極の実数部がすべて負であることと等価である．

一方，システムの漸近安定性は次のように定義される．

$n$ 次システム $\dot{\boldsymbol{x}}=\boldsymbol{A}\boldsymbol{x}+\boldsymbol{b}u$ への入力を 0 としたシステム，すなわち

$$\dot{\boldsymbol{x}}(t)=\boldsymbol{A}\boldsymbol{x}(t) \tag{2.67}$$

において，任意の初期状態に対し，この方程式の解 $\boldsymbol{x}(t)$ が $t\to\infty$ で 0 に収束するとき，システムは漸近安定（asymptotically stalbe）であるという．

2.1 節で述べたように，任意の初期状態 $\boldsymbol{x}_0$ に対する式(2.67) の解は

$$\boldsymbol{x}(t)=e^{\boldsymbol{A}t}\boldsymbol{x}_0$$

ここで，簡単のために $\boldsymbol{A}$ の固有値 $\lambda_i, i=1,2,\cdots,n$ がすべて異なるとすると，式(2.20) の相似変換を使って

$$\begin{aligned} e^{\boldsymbol{A}t}&=\boldsymbol{T}e^{\bar{\boldsymbol{A}}t}\boldsymbol{T}^{-1}\\ &=\boldsymbol{T}\begin{bmatrix} e^{\lambda_1 t} & 0 & \cdots & 0\\ 0 & e^{\lambda_2 t} & & \vdots\\ \vdots & & \ddots & 0\\ 0 & \cdots & 0 & e^{\lambda_n t}\end{bmatrix}\boldsymbol{T}^{-1} \end{aligned} \tag{2.68}$$

したがって，固有値の実数部がすべて負であることが，解 $\boldsymbol{x}(t)$ が $t\to\infty$ で 0 に収束するための必要十分条件であることがわかる．このことは，一般の重複固有値の場合にもいえる．

2.2 節で述べたように伝達関数の極は $\boldsymbol{A}$ の固有値でもある．したがって**漸近安定ならば BIBO 安定である．**

しかしこの逆は一般には成り立たない．2.4 節の結果から，可制御かつ可観測およびそのときに限り，漸近安定と BIBO 安定は等価となる．

$\boldsymbol{A}$ の固有値の実数部がすべて負であるかどうかは，特性方程式

$$\det(s\boldsymbol{I}-\boldsymbol{A})=s^n+a_n s^{n-1}+\cdots+a_2 s+a_1=0 \tag{2.69}$$

の係数を使うラウス・フルビッツ（Routh-Huruwitz）の安定判別法で判定することができる．

これとは別に，リヤプノフ（Lyapnov）の安定判別法と呼ばれる以下の方法がある．

**リヤプノフの安定判別法**：式(2.67) のシステムの平衡点（equilibrium point） $\boldsymbol{x}=\boldsymbol{0}$ が漸近安定となるための必要十分条件は，任意の正定な対称行列（symmetric matrix） $\boldsymbol{Q}=\boldsymbol{Q}^{\mathrm{T}}>0$ に対して，リヤプノフ方程式

$$\boldsymbol{A}^{\mathrm{T}}\boldsymbol{P}+\boldsymbol{P}\boldsymbol{A}=-\boldsymbol{Q} \tag{2.70}$$

を満たす正定（positive definite）な対称行列 $\boldsymbol{P}=\boldsymbol{P}^{\mathrm{T}}>0$ が存在することである．

ある対称行列 $\boldsymbol{P}$ が正定であるとは，0 でないすべてのベクトル $\boldsymbol{z}$ に対して

$$\boldsymbol{z}^{\mathrm{T}}\boldsymbol{P}\boldsymbol{z}>0 \tag{2.71}$$

となることである．$\boldsymbol{P}$ が正定であることを $\boldsymbol{P}>0$ で表す．これはシルベスター（Sylvester）の判定条件によって判定することができる．シルベスターの判定条件とは，対称行列 $\boldsymbol{P}$ のすべての主座小行列式がすべて正であることである．すなわち，$\boldsymbol{P}$ が

$$\boldsymbol{P}=[(p_{ij})],\quad i=1,\cdots n\ ;\ j=1,\cdots n\ ;\ p_{ij}=p_{ji} \tag{2.72}$$

で表されるとき，

$$|p_{11}|>0,\det\begin{bmatrix} p_{11} & p_{12} \\ p_{12} & p_{22} \end{bmatrix}>0,\cdots,\det\begin{bmatrix} p_{11} & p_{12} & \cdots & p_{1n} \\ p_{12} & p_{22} & \cdots & p_{1n} \\ \vdots & \vdots & & \vdots \\ p_{1n} & p_{2n} & \cdots & p_{nn} \end{bmatrix}>0 \tag{2.73}$$

を満たせば，$\boldsymbol{P}>0$ である．

**［例題 2.8］**

$\boldsymbol{A}=\begin{bmatrix} 0 & 1 \\ -1 & -a \end{bmatrix}$ のとき，式(2.67) のシステムの安定判別をラウス・フルビッツの方法とリヤプノフの方法で行え．

［解］

ラウス・フルビッツの安定判別法では，特性方程式が

$$\det(s\boldsymbol{I}-\boldsymbol{A})=s^2+as+1=0$$

であるから，$a>0$ であれば安定であることがわかる．

リヤプノフの安定判別法では，$\boldsymbol{Q}=\boldsymbol{I}$，$\boldsymbol{P}=\begin{bmatrix} p_{11} & p_{12} \\ p_{12} & p_{22} \end{bmatrix}$ とおくと，リヤプノフ方程式(2.70) は

$$\begin{bmatrix} 0 & -1 \\ 1 & -a \end{bmatrix}\begin{bmatrix} p_{11} & p_{12} \\ p_{12} & p_{22} \end{bmatrix}+\begin{bmatrix} p_{11} & p_{12} \\ p_{12} & p_{22} \end{bmatrix}\begin{bmatrix} 0 & 1 \\ -1 & -a \end{bmatrix}=-\begin{bmatrix} 1 & 0 \\ 0 & 1 \end{bmatrix}$$

となり，

$$\begin{bmatrix} 0 & -2 & 0 \\ 1 & -a & -1 \\ 0 & 0 & -a \end{bmatrix}\begin{bmatrix} p_{11} \\ p_{12} \\ p_{22} \end{bmatrix}=\begin{bmatrix} -1 \\ 0 \\ -1 \end{bmatrix}$$

という代数方程式を得る．$a\neq 0$ であれば，これが

$$\begin{bmatrix} p_{11} \\ p_{12} \\ p_{22} \end{bmatrix}=\begin{bmatrix} 0 & -2 & 0 \\ 1 & -a & -1 \\ 0 & 2 & -2a \end{bmatrix}^{-1}\begin{bmatrix} -1 \\ 0 \\ -1 \end{bmatrix}$$

$$=\frac{1}{-4a}\begin{bmatrix} 2a^2+2 & -4a & 2 \\ 2a & 0 & 0 \\ 2 & 0 & 2 \end{bmatrix}\begin{bmatrix} -1 \\ 0 \\ -1 \end{bmatrix}=\begin{bmatrix} \dfrac{a}{2}+\dfrac{1}{a} \\ \dfrac{1}{2} \\ \dfrac{1}{a} \end{bmatrix}$$

のように解ける．このとき式(2.73) の条件は，

$$p_{11}=\frac{a}{2}+\frac{1}{a}>0$$

$$p_{11}p_{22}-p_{12}{}^2=\left(\frac{a}{2}+\frac{1}{a}\right)\frac{1}{a}-\frac{1}{4}=\frac{1}{4}+\frac{1}{a^2}>0$$

となるから，$a>0$ ならば $\boldsymbol{P}$ は正定である．

## 演 習 問 題

**2.1** 次の行列を対角化せよ．ただし，$\lambda_1, \lambda_2, \lambda_3$ は実数で相異なるとする．

$$\boldsymbol{A}=\begin{bmatrix} \lambda_1 & 0 & 0 \\ 0 & \lambda_2 & 0 \\ \lambda_1-\lambda_3 & 0 & \lambda_3 \end{bmatrix}$$

**2.2**　任意の行列 $\boldsymbol{A}$ が正則な行列 $\boldsymbol{T}$ で

$$\tilde{\boldsymbol{A}}=\boldsymbol{T}^{-1}\boldsymbol{A}\boldsymbol{T}$$

のように変換できるとする．このとき，式(2.8) を利用して，

$$e^{\boldsymbol{A}t}=\boldsymbol{T}e^{\tilde{\boldsymbol{A}}t}\boldsymbol{T}^{-1}$$

であることを示せ．とくに，$\tilde{\boldsymbol{A}}=\mathrm{diag}[\mu_1 \quad \mu_2 \quad \cdots \quad \mu_n]$ （$\mu_1,\mu_2,\cdots,\mu_n$ を要素とする対角行列）であれば，

$$e^{\boldsymbol{A}t}=\boldsymbol{T}\,\mathrm{diag}[\mu_1 t \quad \mu_2 t \quad \cdots \quad \mu_n t]\,\boldsymbol{T}^{-1}$$

となる．

**2.3**　次の行列について $e^{\boldsymbol{A}t}$ を求めよ．

(1)　$\boldsymbol{A}=\begin{bmatrix} 0 & \omega \\ -\omega & 0 \end{bmatrix}$　　ただし $\omega>0$ とする．

(2)　$\boldsymbol{A}=\begin{bmatrix} \lambda & 1 \\ 0 & \lambda \end{bmatrix}$　　ただし $\lambda$ は実数とする．

(3)　$\boldsymbol{A}=\begin{bmatrix} \lambda_1 & 0 & 0 \\ 0 & \lambda_2 & 0 \\ \lambda_1-\lambda_3 & 0 & \lambda_3 \end{bmatrix}$　　ただし，$\lambda_1,\lambda_2,\lambda_3$ は相異なる実数とする．

**2.4**　状態方程式表現が

$$\dot{\boldsymbol{x}}(t)=\begin{bmatrix} \lambda & 1 \\ 0 & \lambda \end{bmatrix}\boldsymbol{x}(t)+\begin{bmatrix} 0 \\ 1 \end{bmatrix}u(t), \quad y(t)=[1 \quad 0]\boldsymbol{x}(t)$$

であるシステムがある．ただし，$\lambda$ は実数とする．

(1) 入力 $u$ から出力 $y$ までの伝達関数を求めよ．

(2) 入力として $u(t)=\mathbf{1}(t)$ （単位ステップ信号）を加えたときの出力 $y(t)$ を，伝達関数と入力のラプラス変換の積のラプラス逆変換を計算して求めよ．

(3) 入力として $u(t)=\mathbf{1}(t)$ を加えたときの出力 $y(t)$ を，式(2.13) から求めよ．

**2.5**　状態方程式表現が

$$\begin{aligned} \dot{x}_1(t)&=x_2(t)+u(t) \\ \dot{x}_2(t)&=-2x_1(t)-3x_2(t)+\alpha u(t) \\ y(t)&=x_1(t)+\beta x_2(t) \end{aligned}$$

で表される系について下記の問に答えよ．ただし，$u(t)$ および $y(t)$ は，それぞれ入力および出力であり，$\alpha$，$\beta$ はパラメータである．

(1) 入力 $u$ から出力 $y$ までの伝達関数を求めよ．

(2) この系の可制御性と可観測性を調べよ（$\alpha$，$\beta$ との関連で）．

(3) 可制御性と可観測性のいずれか一方のみが成り立たないようなパラメータ $\alpha$，$\beta$ の値に対し，(1) で求めた伝達関数はどうなるか．また，可制御性と可観測性の両方が成り立たないとき，伝達関数はどうなるか．

# 3 状態空間法によるフィードバック系の設計

古典制御工学ではフィードバック制御系の設計法として，通常，周波数応答による方法と伝達関数による方法（根軌跡法）を学ぶ．本章では，状態方程式表現をベースとする方法（状態フィードバック法）を概観する．

## 3.1 状態フィードバック

制御対象（プラント；plant）を $n$ 次システムとし，その状態方程式表現を

$$\begin{cases} \dot{\boldsymbol{x}}(t)=\boldsymbol{A}\boldsymbol{x}(t)+\boldsymbol{b}u(t) \\ y(t)=\boldsymbol{c}^{\mathrm{T}}\boldsymbol{x}(t) \end{cases} \tag{3.1}$$

とする．ここで，制御入力 $u$ を次のように与える．

$$u(t)=-\boldsymbol{f}^{\mathrm{T}}\boldsymbol{x}(t) \tag{3.2}$$

このような制御を状態フィードバック制御（state feedback control）といい，ベクトル $\boldsymbol{f}$ をフィードバックベクトル（feedback vector）と呼ぶ．このとき，式(3.2) を式(3.1) へ代入すると閉ループ系は

$$\dot{\boldsymbol{x}}(t)=(\boldsymbol{A}-\boldsymbol{b}\boldsymbol{f}^{\mathrm{T}})\boldsymbol{x}(t) \tag{3.3}$$

では，閉ループ系を（漸近）安定となるようにするには，どのようにすればよいであろうか．系の特性方程式は

$$\det\{s\boldsymbol{I}-(\boldsymbol{A}-\boldsymbol{b}\boldsymbol{f}^{\mathrm{T}})\}=0$$

この方程式の根，すなわち行列 $\boldsymbol{A}-\boldsymbol{b}\boldsymbol{f}^{\mathrm{T}}$ の固有値の実数部をすべて負となるようにできれば系は安定となる．このような閉ループ系をレギュレータ（regulator）という．このことについて次の定理がある．

**$\boldsymbol{A}-\boldsymbol{b}\boldsymbol{f}^{\mathrm{T}}$ の固有値を任意に設定するベクトル $\boldsymbol{f}$ が存在するための必要十分条件は系(3.1) が可制御なことである．**

ここで，ベクトル $\boldsymbol{f}$ の要素のすべてを実数とするように固有値を設定するには，それと複素共役な固有値も同時に設定するようにしなければならない．

このように固有値を任意設定できることを任意極配置可能という．ここに，極は閉ループ系の極のことである．

いま，$\boldsymbol{A}$ と $\boldsymbol{b}$ とが式(1.25)，(1.26) のように

$$\boldsymbol{A}=\begin{bmatrix} 0 & 1 & 0 & 0 & \cdots & 0 \\ 0 & 0 & 1 & 0 & \cdots & 0 \\ 0 & 0 & 0 & 1 & \cdots & 0 \\ \vdots & \vdots & \vdots & \vdots & \ddots & \vdots \\ 0 & 0 & 0 & 0 & \cdots & 1 \\ -a_1 & -a_2 & -a_3 & -a_4 & \cdots & -a_n \end{bmatrix} \quad (n\times n \text{ 行列}) \tag{3.4}$$

$$\boldsymbol{b}=\begin{bmatrix} 0 \\ 0 \\ 0 \\ \vdots \\ 0 \\ 1 \end{bmatrix} \quad (n \text{ 次元ベクトル}) \tag{3.5}$$

と与えられる場合を考えてみよう（実は，系が可制御ならば，適当な相似変換 $\boldsymbol{T}$ によって，$\boldsymbol{A}$ と $\boldsymbol{b}$ とを上記の形に変換することができる）．このとき特性多項式は

$$\begin{aligned}
&\det\{s\boldsymbol{I}-(\boldsymbol{A}-\boldsymbol{b}\boldsymbol{f}^{\mathrm{T}})\} \\
&=\det\left( s\boldsymbol{I}-\begin{bmatrix} 0 & -1 & 0 & \cdots & 0 \\ 0 & 0 & -1 & \cdots & 0 \\ \vdots & \vdots & \vdots & \ddots & \vdots \\ 0 & 0 & \cdots & 0 & -1 \\ -a_1-f_1 & -a_2-f_2 & -a_3-f_3 & \cdots & -a_n-f_n \end{bmatrix} \right) \\
&=s^n+(a_n+f_n)s^{n-1}+\cdots+(a_2+f_2)s+a_1+f_1
\end{aligned} \tag{3.6}$$

この式の形から明らかなように，ベクトル $\boldsymbol{f}$ を適当に選ぶことによって特性多項式の係数を任意に設定できる．

いま，システム(3.1) を相似変換 $\boldsymbol{x}(t)=\boldsymbol{T}\boldsymbol{z}(t)$ によって

$$\dot{\boldsymbol{z}}(t)=\bar{\boldsymbol{A}}\boldsymbol{z}(t)+\bar{\boldsymbol{b}}u(t)$$

に変換したとする．状態フィードバックは

$$u(t)=-\bar{\boldsymbol{f}}^{\mathrm{T}}\boldsymbol{z}(t)$$

もとのシステムに対する状態フィードバックは

$$u(t)=-\bar{\boldsymbol{f}}^{\mathrm{T}}\boldsymbol{z}(t)=-\bar{\boldsymbol{f}}^{\mathrm{T}}\boldsymbol{T}^{-1}\boldsymbol{x}(t)=-\boldsymbol{f}^{\mathrm{T}}\boldsymbol{x}(t)$$

したがって，$\boldsymbol{f}^{\mathrm{T}}=\bar{\boldsymbol{f}}^{\mathrm{T}}\boldsymbol{T}^{-1}$ である．

式(3.1) の $\boldsymbol{A}$ の特性多項式を

$$a(s)=s^n+a_ns^{n-1}+\cdots+a_2s+a_1 \tag{3.7}$$

とする．このとき，

$$a(\boldsymbol{A})=\boldsymbol{A}^n+a_n\boldsymbol{A}^{n-1}+\cdots+a_2\boldsymbol{A}+a_1\boldsymbol{I}=0 \tag{3.8}$$

が成り立つ．これをケイリー・ハミルトン（Cayley-Hamilton）の定理という．これは線形システム論ではよく使われる有用な定理である．

$\boldsymbol{A}$ と $\boldsymbol{b}$ とを相似変換によって式(3.4)，(3.5) の $\boldsymbol{A}$ と $\boldsymbol{b}$ に変換できたとする（システム(3.1) が可制御ならこのことは可能である）．それを $\bar{\boldsymbol{A}}$ と $\bar{\boldsymbol{b}}$ とする．また，変換行列を $\boldsymbol{T}$ とすると，式(2.27) により

$$\boldsymbol{T}\boldsymbol{C}(\bar{\boldsymbol{A}},\bar{\boldsymbol{b}})=\boldsymbol{C}(\boldsymbol{A},\boldsymbol{b}) \tag{3.9}$$

また，$\boldsymbol{A}$ と $\bar{\boldsymbol{A}}$ の特性方程式は同じであるので，

$$a(\bar{\boldsymbol{A}})=0 \tag{3.10}$$

が成り立つ．

状態フィードバックにより，閉ループ系の特性多項式を

$$\alpha(s)=s^n+p_ns^{n-1}+\cdots+p_1 \tag{3.11}$$

に一致させたいとする．式(3.10) より

$$\begin{aligned}\alpha(\bar{\boldsymbol{A}})&=\alpha(\bar{\boldsymbol{A}})-a(\bar{\boldsymbol{A}})\\&=(p_n-a_n)\bar{\boldsymbol{A}}^{n-1}+\cdots+(p_1-a_1)\boldsymbol{I}\\&=\bar{f}_n\bar{\boldsymbol{A}}^{n-1}+\cdots+\bar{f}_2\bar{\boldsymbol{A}}+\bar{f}_1\boldsymbol{I}\end{aligned}$$

が成り立つ．

いま，例題 2.6 のように，

$$\boldsymbol{e}_i^{\mathrm{T}}=[0\ \cdots\ 0\ \underset{\substack{\uparrow\\ i}}{1}\ 0\ \cdots\ 0]$$

と定義すると，式(2.31) より，

$$
\begin{aligned}
\boldsymbol{e}_1^{\mathrm{T}}\bar{\boldsymbol{A}} &= [0 \quad 1 \quad \cdots \quad 0] = \boldsymbol{e}_2^{\mathrm{T}} \\
(\boldsymbol{e}_1^{\mathrm{T}}\bar{\boldsymbol{A}})\bar{\boldsymbol{A}} &= \boldsymbol{e}_3^{\mathrm{T}} \\
&\vdots \\
\boldsymbol{e}_1^{\mathrm{T}}\bar{\boldsymbol{A}}^{n-1} &= \boldsymbol{e}_n^{\mathrm{T}}
\end{aligned}
$$

したがって

$$
\begin{aligned}
\boldsymbol{e}_1^{\mathrm{T}}\alpha(\bar{\boldsymbol{A}}) &= \bar{f}_n\boldsymbol{e}_1^{\mathrm{T}}\bar{\boldsymbol{A}}^{n-1} + \cdots + \bar{f}_2\boldsymbol{e}_1^{\mathrm{T}}\bar{\boldsymbol{A}} + \bar{f}_1\boldsymbol{e}_1^{\mathrm{T}}\boldsymbol{I} \\
&= \bar{f}_n\boldsymbol{e}_n^{\mathrm{T}} + \cdots + \bar{f}_2\boldsymbol{e}_2^{\mathrm{T}} + \bar{f}_1\boldsymbol{e}_1^{\mathrm{T}} = [\bar{f}_1 \quad \bar{f}_2 \quad \cdots \quad \bar{f}_n] = \bar{\boldsymbol{f}}^{\mathrm{T}}
\end{aligned}
$$

一方

$$
\begin{aligned}
\boldsymbol{e}_1^{\mathrm{T}}\alpha(\bar{\boldsymbol{A}}) &= \boldsymbol{e}_1^{\mathrm{T}}\boldsymbol{T}^{-1}\alpha(\boldsymbol{A})\boldsymbol{T} = \boldsymbol{e}_1^{\mathrm{T}}\boldsymbol{C}(\bar{\boldsymbol{A}}, \bar{\boldsymbol{b}})\boldsymbol{C}^{-1}(\boldsymbol{A}, \boldsymbol{b})\alpha(\boldsymbol{A})\boldsymbol{T} \\
&= \boldsymbol{e}_1^{\mathrm{T}}\tilde{\boldsymbol{I}}\boldsymbol{C}^{-1}(\boldsymbol{A}, \boldsymbol{b})\alpha(\boldsymbol{A})\boldsymbol{T} \\
&= \boldsymbol{e}_n^{\mathrm{T}}\boldsymbol{C}^{-1}(\boldsymbol{A}, \boldsymbol{b})\alpha(\boldsymbol{A})\boldsymbol{T}
\end{aligned}
$$

である．ここで，$\tilde{\boldsymbol{I}}$ は式(2.33) で与えられるものである．これら 2 つの等式から

$$
\boldsymbol{f}^{\mathrm{T}} = \bar{\boldsymbol{f}}^{\mathrm{T}}\boldsymbol{T}^{-1} = [0 \quad 0 \quad \cdots \quad 0 \quad 1]\boldsymbol{C}^{-1}(\boldsymbol{A}, \boldsymbol{b})\alpha(\boldsymbol{A}) \tag{3.12}
$$

これをアッカーマン（Ackermann）の公式という．

**（例 3.1）**

2 次のプラント

$$
\dot{\boldsymbol{x}} = \begin{bmatrix} -1 & 1 \\ -4 & -1 \end{bmatrix}\boldsymbol{x} + \begin{bmatrix} 0 \\ 1 \end{bmatrix}u
$$

を考える．このシステムは可制御である（各自確かめよ）．そこで相似変換を

$$
\boldsymbol{T} = \begin{bmatrix} 1 & 0 \\ 1 & 1 \end{bmatrix}
$$

とすると（このシステムの特性多項式を求めてから，式(3.9) によりこの変換行列が得られることを確かめよ）

$$
\bar{\boldsymbol{A}} = \boldsymbol{T}^{-1}\boldsymbol{A}\boldsymbol{T} = \begin{bmatrix} 1 & 0 \\ -1 & 1 \end{bmatrix}\begin{bmatrix} -1 & 1 \\ -4 & -1 \end{bmatrix}\begin{bmatrix} 1 & 0 \\ 1 & 1 \end{bmatrix} = \begin{bmatrix} 0 & 1 \\ -5 & -2 \end{bmatrix}
$$

$$
\bar{\boldsymbol{b}} = \boldsymbol{T}^{-1}\boldsymbol{b} = \begin{bmatrix} 0 \\ 1 \end{bmatrix}
$$

すなわち，フィードバック系の特性多項式は

$$s^2+(2+\bar{f}_2)s+(5+\bar{f}_1)$$

もとのシステムの固有値は $-1\pm j2$ であるが，これを状態フィードバックによって，$-6$，$-7$ とすることを考える．そのためには特性多項式を

$$(s+6)(s+7)=s^2+13s+42$$

と一致させればよい．すなわち $\bar{f}_1=37$，$\bar{f}_2=11$ を得る．もとのシステムのフィードバックベクトルの要素は，$f_1=26$，$f_2=11$．

あるいは，相似変換をせずに，直接

$$\det\{s\boldsymbol{I}-(\boldsymbol{A}-\boldsymbol{b}\boldsymbol{f}^{\mathrm{T}})\}=s^2+(f_2+2)s+f_1+f_2+5$$

を得，$f_2+2=13$，$f_1+f_2+5=42$ となるので上と同じ結果を得る．

**[例題 3.1]**

上記の例にアッカーマンの公式を適用して $\boldsymbol{f}$ を求めよ．

[解]

所望の特性多項式は $\alpha(s)=(s+6)(s+7)$ であるので，式(3.12) より，

$$\begin{aligned}\boldsymbol{f}^{\mathrm{T}}&=[0\quad 1][\boldsymbol{b}\quad \boldsymbol{A}\boldsymbol{b}]^{-1}(\boldsymbol{A}+6\boldsymbol{I})(\boldsymbol{A}+7\boldsymbol{I})\\&=[0\quad 1]\begin{bmatrix}0 & 1\\ 1 & -1\end{bmatrix}^{-1}\left(\begin{bmatrix}-1 & 1\\ -4 & -1\end{bmatrix}+\begin{bmatrix}6 & 0\\ 0 & 6\end{bmatrix}\right)\left(\begin{bmatrix}-1 & 1\\ -4 & -1\end{bmatrix}+\begin{bmatrix}7 & 0\\ 0 & 7\end{bmatrix}\right)\\&=[0\quad 1]\begin{bmatrix}1 & 1\\ 1 & 0\end{bmatrix}\begin{bmatrix}5 & 1\\ -4 & 5\end{bmatrix}\begin{bmatrix}6 & 1\\ -4 & 6\end{bmatrix}\\&=[1\quad 0]\begin{bmatrix}26 & 11\\ -44 & 26\end{bmatrix}=[26\quad 11]\end{aligned}$$

## 3.2 オブザーバ

状態フィードバック(3.2) を行うには，状態が測定できなければならない．しかし，状態変数のすべてを測定することができない場合，入出力のみから状態を推定することが必要である．そこで，状態観測器あるいはオブザーバ (observer) として知られる，状態の推定法を導入する．

式(3.1) のシステムにおいて，出力 $y$ のみが測定可能であるとしよう．入力は当然既知である．状態 $\boldsymbol{x}$ の推定値を $\boldsymbol{q}$ とするオブザーバは次のように与

えられる．

$$\dot{\boldsymbol{q}}=\boldsymbol{A}\boldsymbol{q}+\boldsymbol{b}u+\boldsymbol{g}[y-\boldsymbol{c}^{\mathrm{T}}\boldsymbol{q}] \qquad (3.13)$$

ここで，$\boldsymbol{g}$ は未定の定数ベクトルである．

いま

$$\boldsymbol{e}=\boldsymbol{x}-\boldsymbol{q}$$

とおくと，式(3.1) と (3.13) より

$$\dot{\boldsymbol{e}}=\boldsymbol{A}\boldsymbol{e}-\boldsymbol{g}\boldsymbol{c}^{\mathrm{T}}\boldsymbol{e}=(\boldsymbol{A}-\boldsymbol{g}\boldsymbol{c}^{\mathrm{T}})\boldsymbol{e} \qquad (3.14)$$

である．もし，このシステムが安定ならば，すなわち，$\boldsymbol{A}-\boldsymbol{g}\boldsymbol{c}^{\mathrm{T}}$ の固有値の実数部のすべてが負であれば，$\boldsymbol{e}$ は $t\to\infty$ で 0 に収束する．つまり，$\boldsymbol{q}$ は状態ベクトル $\boldsymbol{x}$ に収束する．その過渡において差異は生じるものの，ある程度時間が経過すれば，$\boldsymbol{q}$ は $\boldsymbol{x}$ と近似的に等しい値となる．したがって，$\boldsymbol{q}$ を状態 $\boldsymbol{x}$ の推定値として用いることができる．

式(3.3) と (3.14) の類似性に着目すると，次のことがいえる．

**$\boldsymbol{g}$ を適当に選ぶことによって，$\boldsymbol{A}-\boldsymbol{g}\boldsymbol{c}^{\mathrm{T}}$ の固有値を自由に設定できるための必要十分条件は，(3.1) の系が可観測なことである．**

双対性から，$\tilde{\boldsymbol{A}}=\boldsymbol{A}^{\mathrm{T}}$，$\tilde{\boldsymbol{b}}=\boldsymbol{c}$ とおいたとき，$(\boldsymbol{A},\boldsymbol{c})$ が可観測であれば $(\tilde{\boldsymbol{A}},\tilde{\boldsymbol{b}})$ は可制御となる．$(\tilde{\boldsymbol{A}},\tilde{\boldsymbol{b}})$ が可制御であれば $\tilde{\boldsymbol{A}}-\tilde{\boldsymbol{b}}\tilde{\boldsymbol{f}}^{\mathrm{T}}$ の固有値を任意に設定するベクトル $\tilde{\boldsymbol{f}}$ を，3.1 節で述べた方法に従って選ぶことができる．$\boldsymbol{g}=\tilde{\boldsymbol{f}}$ とおけば，これは $(\tilde{\boldsymbol{A}}-\tilde{\boldsymbol{b}}\tilde{\boldsymbol{f}}^{\mathrm{T}})^{\mathrm{T}}=\tilde{\boldsymbol{A}}^{\mathrm{T}}-\tilde{\boldsymbol{f}}\tilde{\boldsymbol{b}}^{\mathrm{T}}=\boldsymbol{A}-\boldsymbol{g}\boldsymbol{c}^{\mathrm{T}}$ の固有値を任意に設定することができる．

**[例題 3.2]**

$\boldsymbol{A}$，$\boldsymbol{c}$ が次のように与えられる場合のオブザーバを求めよ．ただしオブザーバの極を $-1$，$-6$ となるようにせよ．

$$\boldsymbol{A}=\begin{bmatrix}-3 & 1\\ 0 & -2\end{bmatrix},\quad \boldsymbol{c}^{\mathrm{T}}=[1\quad 0]$$

[解]

$$\tilde{\boldsymbol{A}}=\boldsymbol{A}^{\mathrm{T}}=\begin{bmatrix}-3 & 1\\ 0 & -2\end{bmatrix}^{\mathrm{T}}=\begin{bmatrix}-3 & 0\\ 1 & -2\end{bmatrix},\quad \tilde{\boldsymbol{b}}=\boldsymbol{c}=[1\quad 0]^{\mathrm{T}}$$

とおき，$(\tilde{\boldsymbol{A}},\tilde{\boldsymbol{b}})$ に対してアッカーマンの公式を適用して $\tilde{\boldsymbol{f}}$ を求め，$\boldsymbol{g}=\tilde{\boldsymbol{f}}$ と

する．すなわち，

$$g^{\mathrm{T}}=\tilde{f}^{\mathrm{T}}=[0\quad 1][\tilde{b}\quad \tilde{A}\tilde{b}]^{-1}(\tilde{A}+I)(\tilde{A}+6I)$$

$$=[0\quad 1]\begin{bmatrix}1 & -3\\ 0 & 1\end{bmatrix}^{-1}\left(\begin{bmatrix}-3 & 0\\ 1 & -2\end{bmatrix}+\begin{bmatrix}1 & 0\\ 0 & 1\end{bmatrix}\right)\left(\begin{bmatrix}-3 & 0\\ 1 & -2\end{bmatrix}+\begin{bmatrix}6 & 0\\ 0 & 6\end{bmatrix}\right)$$

$$=[0\quad 1]\begin{bmatrix}1 & 3\\ 0 & 1\end{bmatrix}\begin{bmatrix}-2 & 0\\ 1 & -1\end{bmatrix}\begin{bmatrix}3 & 0\\ 1 & 4\end{bmatrix}$$

$$=[0\quad 1]\begin{bmatrix}-6 & 0\\ 2 & -4\end{bmatrix}=[2\quad -4]$$

図 3.1 (a) で表される前節のレギュレータとこのオブザーバとを組み合わせると，その全体システムは図 3.1 (b) となり，これは次のようになる．

$$\begin{bmatrix}\dot{x}\\ \dot{q}\end{bmatrix}=\begin{bmatrix}A & -bf^{\mathrm{T}}\\ gc^{\mathrm{T}} & A-gc^{\mathrm{T}}-bf^{\mathrm{T}}\end{bmatrix}\begin{bmatrix}x\\ q\end{bmatrix}$$

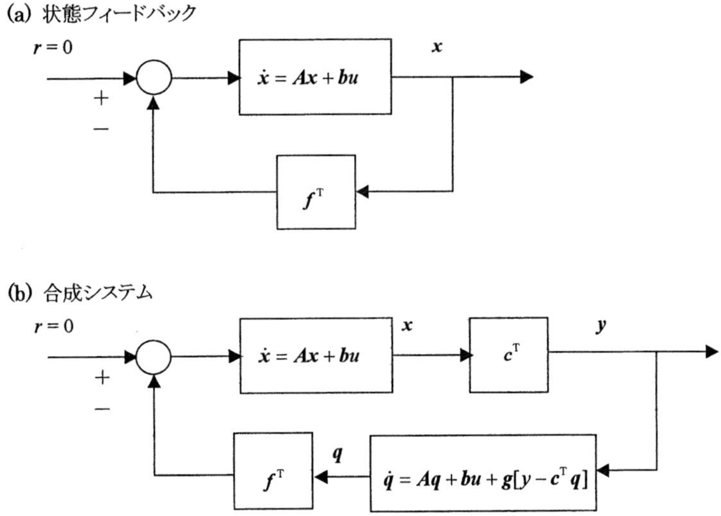


**図 3.1**　オブザーバとレギュレータの合成系

このシステムの特性方程式は，

$$\det\begin{bmatrix}sI-A & bf^{\mathrm{T}}\\ -gc^{\mathrm{T}} & sI-(A-gc^{\mathrm{T}}-bf^{\mathrm{T}})\end{bmatrix}$$

$$
\begin{aligned}
&=\det\begin{bmatrix} \boldsymbol{I} & -\boldsymbol{I} \\ \boldsymbol{0} & \boldsymbol{I} \end{bmatrix}\det\begin{bmatrix} s\boldsymbol{I}-\boldsymbol{A} & \boldsymbol{b}\boldsymbol{f}^{\mathrm{T}} \\ -\boldsymbol{g}\boldsymbol{c}^{\mathrm{T}} & s\boldsymbol{I}-(\boldsymbol{A}-\boldsymbol{g}\boldsymbol{c}^{\mathrm{T}}-\boldsymbol{b}\boldsymbol{f}^{\mathrm{T}}) \end{bmatrix}\det\begin{bmatrix} \boldsymbol{I} & \boldsymbol{I} \\ \boldsymbol{0} & \boldsymbol{I} \end{bmatrix} \\
&=\det\left\{\begin{bmatrix} \boldsymbol{I} & -\boldsymbol{I} \\ \boldsymbol{0} & \boldsymbol{I} \end{bmatrix}\begin{bmatrix} s\boldsymbol{I}-\boldsymbol{A} & \boldsymbol{b}\boldsymbol{f}^{\mathrm{T}} \\ -\boldsymbol{g}\boldsymbol{c}^{\mathrm{T}} & s\boldsymbol{I}-(\boldsymbol{A}-\boldsymbol{g}\boldsymbol{c}^{\mathrm{T}}-\boldsymbol{b}\boldsymbol{f}^{\mathrm{T}}) \end{bmatrix}\begin{bmatrix} \boldsymbol{I} & \boldsymbol{I} \\ \boldsymbol{0} & \boldsymbol{I} \end{bmatrix}\right\} \\
&=\det\left\{\begin{bmatrix} s\boldsymbol{I}-\boldsymbol{A}+\boldsymbol{g}\boldsymbol{c}^{\mathrm{T}} & -s\boldsymbol{I}+\boldsymbol{A}-\boldsymbol{g}\boldsymbol{c}^{\mathrm{T}} \\ -\boldsymbol{g}\boldsymbol{c}^{\mathrm{T}} & s\boldsymbol{I}-\boldsymbol{A}-\boldsymbol{g}\boldsymbol{c}^{\mathrm{T}}+\boldsymbol{b}\boldsymbol{f}^{\mathrm{T}} \end{bmatrix}\begin{bmatrix} \boldsymbol{I} & \boldsymbol{I} \\ \boldsymbol{0} & \boldsymbol{I} \end{bmatrix}\right\} \\
&=\det\begin{bmatrix} s\boldsymbol{I}-\boldsymbol{A}+\boldsymbol{g}\boldsymbol{c}^{\mathrm{T}} & \boldsymbol{0} \\ -\boldsymbol{g}\boldsymbol{c}^{\mathrm{T}} & s\boldsymbol{I}-\boldsymbol{A}+\boldsymbol{b}\boldsymbol{f}^{\mathrm{T}} \end{bmatrix}=\det(s\boldsymbol{I}-\boldsymbol{A}+\boldsymbol{g}\boldsymbol{c}^{\mathrm{T}})\det(s\boldsymbol{I}-\boldsymbol{A}+\boldsymbol{b}\boldsymbol{f}^{\mathrm{T}})
\end{aligned}
$$

つまり，全体の特性多項式はオブザーバにかかわる多項式と状態フィードバックにかかわる多項式の積の形になる．すなわち，それぞれの設定が互いに影響を与えることはない．

## 3.3 サ　ー　ボ　系

以上のレギュレータでは，目標値 $r$ を 0 とし，状態フィードバックによって，状態を 0 に整定させることを考えた．一方，多くのシステムでは，出力 $y$ を目標入力 $r$ に追従させることが求められる．このような制御系をサーボ系 (servo system) という．

サーボ系では，図 3.1 (b) の目標値 $r$ を 0 としないで制御入力を次のように与えればよい．ここで $k$ はスカラーである．

$$u(t)=-\boldsymbol{f}^{\mathrm{T}}\boldsymbol{x}(t)+kr(t) \tag{3.15}$$

フィードバックベクトルの設定やオブザーバとの組み合わせは，前節と同じである．

いま目標値を $r(t)=R\cdot\mathbf{1}(t)$ とする．ここで $R$ はスカラーであり，$\mathbf{1}(t)$ は単位ステップ関数である．このとき出力 $y$ が $r(t)$ に追従するようにするためには，$k$ をうまく選んで，定常偏差が 0 になるようにすればよい．しかし，そのような $k$ はシステムのパラメータに依存することが簡単な計算でわかる．もしパラメータが多少でも変動すると，定常偏差が 0 ではなくなる（つまり頑健（ロバスト；robust）でない）．このことを避けるためにはどうすればよいであろうか．

図3.2 (a) のシステムを考えてみよう．$r(t)=0$ とするとき，このシステムの状態方程式は，$\bar{\boldsymbol{x}}=[\boldsymbol{x} \quad w]^{\mathrm{T}}$ とおくと

$$\dot{\bar{\boldsymbol{x}}}=\bar{\boldsymbol{A}}\bar{\boldsymbol{x}}+\bar{\boldsymbol{b}}u \tag{3.16}$$

である．ここで $w$ は $\dot{w}=e$ を満たす変数であり，

$$\bar{\boldsymbol{A}}=\begin{bmatrix} \boldsymbol{A} & 0 \\ -\boldsymbol{c}^{\mathrm{T}} & 0 \end{bmatrix}, \quad \bar{\boldsymbol{b}}=\begin{bmatrix} \boldsymbol{b} \\ 0 \end{bmatrix}$$

である．図の $u$ から $w$ までの伝達関数は

$$-\frac{1}{s}\boldsymbol{c}^{\mathrm{T}}(s\boldsymbol{I}-\boldsymbol{A})^{-1}\boldsymbol{b} \tag{3.17}$$

となる．これはこの制御系が開ループ系に積分器 $\frac{1}{s}$ を含む1形であることを意味する．

プラントが可制御，可観測でかつプラントの伝達関数が $s=0$ に零点をもたないとすると，式(3.17) の伝達関数において零点と極の相殺はない．したがって，$(\bar{\boldsymbol{A}}, \bar{\boldsymbol{b}})$ は可制御である．つまり状態フィードバック

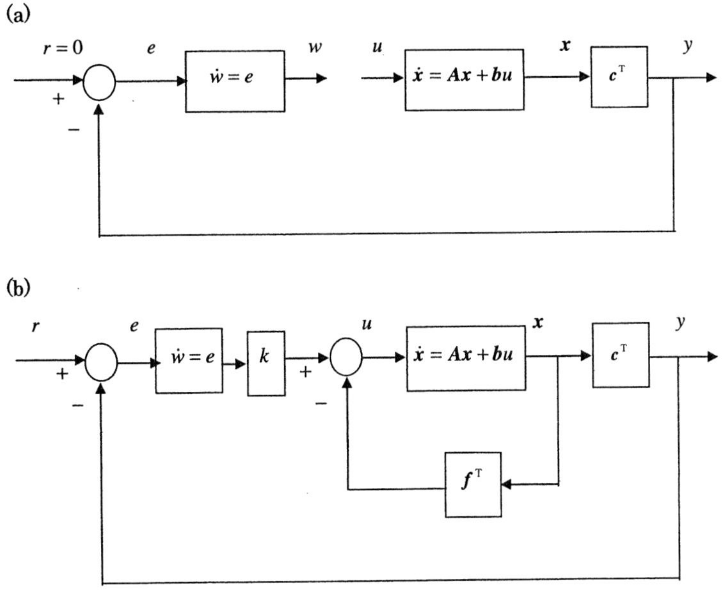


図3.2 サーボ系

$$u=[-\boldsymbol{f}^{\mathrm{T}} \quad k]\bar{\boldsymbol{x}}=-\boldsymbol{f}^{\mathrm{T}}\boldsymbol{x}+kw$$

により，任意極配置可能である．また，閉ループ系は図 3.2 (b) となる．

$r\neq 0$ として，上記の制御を書き直すと

$$u=-\boldsymbol{f}^{\mathrm{T}}\boldsymbol{x}+k\int(r-y)\,dt \tag{3.18}$$

この制御を用いると，目標値 $r(t)=R\cdot\mathbf{1}(t)$ に対する定常偏差は 0 となる．

なお，状態 $\boldsymbol{x}$ が直接測定できない場合は，レギュレータの場合と同様にオブザーバを用いればよい．

## 3.4 最 適 制 御

3.1 節の状態フィードバック制御系において，閉ループ系を安定にするフィードバックベクトルは無数にあり，任意性がある．ここでは，このベクトルをある評価のもとで一意的に決定する方法を紹介する．

プラント (3.1) について，初期条件 $\boldsymbol{x}(0)=\boldsymbol{x}_0$ のもとで，評価関数

$$J=\int_0^{t_f}\{\boldsymbol{x}^{\mathrm{T}}(t)\boldsymbol{Q}\boldsymbol{x}(t)+ru^2(t)\}dt+\boldsymbol{x}^{\mathrm{T}}(t_f)\boldsymbol{F}\boldsymbol{x}(t_f) \tag{3.19}$$

を最小にする問題を線形 2 次形式問題 (linear quadratic problem) という．ここで

$$\boldsymbol{F}=\boldsymbol{F}^{\mathrm{T}}\geqq 0,\quad \boldsymbol{Q}=\boldsymbol{Q}^{\mathrm{T}}\geqq 0,\quad r>0$$

である．この問題を解くことによって得られる制御を最適制御 (optimal control) という．

上記において，$t_f\to\infty$ としたときに構成される最適制御系を線形 2 次形式レギュレータ (LQR：linear quadratic regulator) という．積分区間が無限になるので，評価関数が存在するためには，当然 $\boldsymbol{x}(t)$ は $t\to\infty$ で 0 とならなければならない．したがって評価関数は式(3.19) の右辺第 2 項がなくなり次のようになる．

$$J=\int_0^{\infty}\{\boldsymbol{x}^{\mathrm{T}}(t)\boldsymbol{Q}\boldsymbol{x}(t)+ru^2(t)\}dt \tag{3.20}$$

この問題の解は，次の状態フィードバック制御で与えられる．

$$u(t)=-r^{-1}b^{\mathrm{T}}\boldsymbol{P}\boldsymbol{x}(t) \tag{3.21}$$

ここで $\boldsymbol{P}$ は行列方程式

$$\boldsymbol{PA}+\boldsymbol{A}^{\mathrm{T}}\boldsymbol{P}-r^{-1}\boldsymbol{Pbb}^{\mathrm{T}}\boldsymbol{P}+\boldsymbol{Q}=\boldsymbol{0} \tag{3.22}$$

の解である．式(3.22) の方程式をリッカチ（Riccati）の（行列）方程式という．この方程式を効率よく解く解法がいくつかあるが，ここでは扱わない．

3.1 節で述べたように，$(\boldsymbol{A},\boldsymbol{b})$ が可制御なら $\lim_{t\to\infty}\boldsymbol{x}(t)=0$ なる制御が存在し，式(3.20) は有限値をとる．すなわち，可制御という条件によって最適制御の存在が保証できる．一方，式(3.21) の制御によって

$$\lim_{t\to\infty}\boldsymbol{x}^{\mathrm{T}}(t)\boldsymbol{Q}\boldsymbol{x}(t)=0$$

は保証できるが，このことは $\lim_{t\to\infty}\boldsymbol{x}(t)=0$ を意味しない．このことについては次の性質が知られている．

半正定値行列（positive-semi definite matrix）$\boldsymbol{Q}$ は一般に $\boldsymbol{Q}=\boldsymbol{DD}^{\mathrm{T}}$ と分解できる．行列 $\boldsymbol{D}$ を $\boldsymbol{Q}$ の平方根という．このとき $(\boldsymbol{A},\boldsymbol{D}^{\mathrm{T}})$ が可観測ならば，式(3.22) の解として，正定値行列 $\boldsymbol{P}$ がただ 1 つ存在し，式(3.20) による閉ループ系は漸近安定，つまり $\lim_{t\to\infty}\boldsymbol{x}(t)=0$ となる．

**〔例 3.2〕**

次の 1 次系を考えてみよう．

$$\dot{x}(t)=ax(t)+u,\quad x(0)=x_0$$

$$J=\int_0^\infty[x^2(t)+ru^2(t)]\,dt,\quad r>0$$

このとき，$\boldsymbol{P}$ はスカラー $p$ でリッカチ方程式は次の 2 次方程式となる．

$$p^2-2arp-r=0$$

すなわち

$$p=ar\pm\sqrt{a^2r^2+r}$$

$p$ は正でなければならない．したがって式(3.21) は

$$u(t)=-(a+\sqrt{a^2+r^{-1}})\,x(t)$$

で与えられる．

サーボ系の場合，目標値のダイナミックスを考慮して最適制御を構成するこ

とが可能であるが，ここでは省略する．

## 演 習 問 題

**3.1**　状態方程式が

$$\dot{\boldsymbol{x}}(t)=\begin{bmatrix}1 & a\\0 & 2\end{bmatrix}\boldsymbol{x}(t)+\begin{bmatrix}1\\1\end{bmatrix}u(t),\quad \boldsymbol{x}=\begin{bmatrix}x_1\\x_2\end{bmatrix}$$

で表されるシステムに対し，状態フィードバック

$$u(t)=-f_1x_1(t)-f_2x_2(t)$$

を施して，系の特性方程式の根をすべて $-1$ となるようにしたい．$a$ はパラメータである．

(1) この系が可制御であるための $a$ に関する条件を求めよ．

(2) 特性方程式の根がすべて $-1$ となるように $f_1, f_2$ を定めよ．また，そのような $f_1, f_2$ が求まるためのパラメータ $a$ に関する条件が (1) の条件と一致することを示せ．

**3.2**　状態方程式が

$$\dot{x}_1(t)=x_1(t)+x_2(t)+au(t)$$
$$\dot{x}_2(t)=2x_2(t)+u(t)$$

で表されるシステムに対し，状態フィードバック

$$u(t)=-f_1x_1(t)-f_2x_2(t)$$

を行う．$a$ はパラメータである．

(1) 系の特性方程式の根（特性根）を任意に設定できるためのパラメータ $a$ に関する条件を示せ．

(2) $a$ は上記 (1) の条件を満たすとする．特性根をすべて $-1$ とするためには $f_1, f_2$ をどのように定めればよいか．

(3) 状態フィードバックのパラメータ $f_1, f_2$ を

$$f_1=f_2=k$$

とすると，根の配置は制限される．$a$ がどのような条件を満たせば，系が安定となるように $k>0$ を選ぶことができるか．

**3.3**　状態方程式表現が

$$\dot{\boldsymbol{x}}(t)=\begin{bmatrix}\lambda & 1\\0 & \lambda\end{bmatrix}\boldsymbol{x}(t)+\begin{bmatrix}0\\1\end{bmatrix}u(t),\quad y(t)=[1\quad 0]\boldsymbol{x}(t)$$

であるシステムがある．ただし $\lambda$ は実数とする．

(1) このシステムの極が $\mu, \mu$ となるような状態フィードバック(3.2) の $\boldsymbol{f}$ を求めよ．ただし $\mu$ は実数とする．

(2) このシステムの状態を推定するオブザーバ(3.13) の極が $\sigma, \sigma$ となるような $\boldsymbol{g}$ を求めよ．ただし $\sigma$ は実数とする．

**3.4** 式(3.16) のシステムに対し式(3.18) のフィードバックを施すとき，目標値 $r(t)=R\cdot\mathbf{1}(t)$ に対する定常偏差が0となることを確かめよ．

**3.5** 状態方程式表現が

$$\dot{\boldsymbol{x}}(t)=\begin{bmatrix}0 & 1\\ 1 & 0\end{bmatrix}\boldsymbol{x}(t)+\begin{bmatrix}0\\ 1\end{bmatrix}u(t),\quad y(t)=[1\quad 0]\boldsymbol{x}(t)$$

であるシステムがある．評価関数

$$J=\int_0^\infty\{y^2(t)+ru^2(t)\}dt$$

を最小にする制御則を求めよ．ただし $r>0$ である．

# 4 ディジタル制御

前章までは，制御系全体が，連続的な時間の関数として表現される連続時間系であることを前提としていた．しかし，現在主流となっているディジタルコンピュータを用いた制御では，制御装置が離散的な時間の関数として表現される離散時間系となる．本章では，このような制御系の設計法を紹介する．

## 4.1 ディジタル制御システムの概要

現在，多くの制御系では，コントローラ（controller）にディジタルコンピュータ（digital computer）を用いている（図 4.1）．このような系（ディジタル制御システム；digital control system）では，コントローラへの入力は A/D 変換器（A-D converter）を用いて一定周期のサンプリング（sampling）により取り込まれる．またその出力はやはり一定周期で間欠的に出力され，A/D 変換器を介して制御対象に入力される．つまり，ディジタル制御システムでは離散時間信号（discrete-time signal）と連続時間信号（continuous-time signal）が混在する．そのような系を取り扱うために古くから $z$ 変換（$z$-transform）が用いられてきた．次節では $z$ 変換によるディジタル制御システムの解析・設計手法を紹介する．

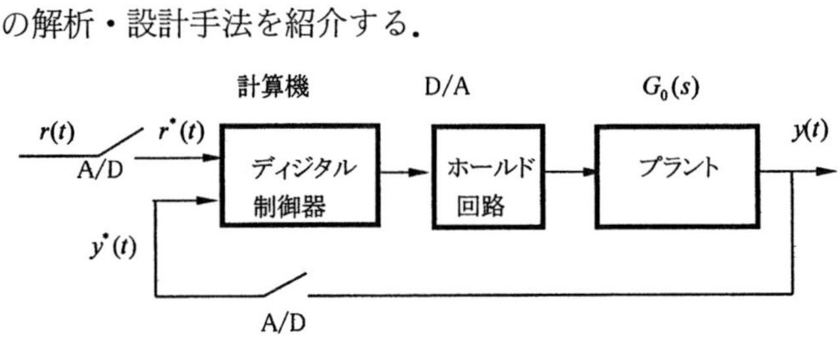


図 4.1　ディジタル制御系

## 4.2 $z$ 変 換

任意の数列 $\{f(n)\}=f(0), f(1), f(2), \cdots$ に対し，関数

$$F(z)=f(0)+f(1)z^{-1}+f(2)z^{-2}+\cdots+f(n)z^{-n}+\cdots=\sum_{n=0}^{\infty}f(n)z^{-n} \tag{4.1}$$

を考える．ここで，変数 $z$ は複素数である．むろん，$F(x)$ は，右辺の級数が収束するような $z$ のある変域で定義される．$F(x)$ を数列 $\{f(n)\}$ の $z$ 変換といい，$F(z)=Z[f(n)]$ で表す．

たとえば数列 $1, 2, 2^2, 2^3, \cdots$ については

$$F(z)=1+2z^{-1}+2^2z^{-2}+\cdots+2^nz^{-n}+\cdots$$

この級数は，初項 1，公比 $2z^{-1}$ の等比級数であるから，

$$|z|>2$$

なる $z$ に対して収束し

$$F(z)=\frac{1}{1-2z^{-1}}=\frac{z}{z-2}$$

と書ける．

$z$ 変換を用いると，差分方程式（difference equation）の系統的な解析が可能である．例として，次の差分方程式を考えてみよう．

$$f(n)-2f(n-1)=0, \qquad n=1,2,3,\cdots \tag{4.2}$$

初期条件を $f(0)=1$ とする．このとき，この方程式を満たす数列が

$$1, 2, 2^2, \cdots, 2^n, \cdots$$

となることは容易にわかる．

一方，差分方程式(4.2) から

$$\sum_{k\geqq 1}f(k)z^{-k}-2\sum_{k\geqq 1}f(k-1)z^{-k}=0$$

これを変形すると

$$\sum_{k\geqq 1}f(k)z^{-k}-2z^{-1}\sum_{k\geqq 1}f(k-1)z^{-(k-1)}=F(z)-f(0)-2z^{-1}F(z)=0$$

$F(z)$ について解くと，$f(0)=1$ としたので，

$$F(z)=\frac{z}{z-2}f(0)=\frac{z}{z-2}$$

を得る．これは数列 $1,2,2^2,2^3,\cdots$ の $z$ 変換にほかならない．すなわち，式(4.2) の解が $f(n)=2^n$ であることを意味している．

微分方程式に対しラプラス変換が有用であったように，$z$ 変換は差分方程式を解く手段として有用である．

## 4.3 サンプル値信号とそのラプラス変換

連続信号 $f(t)$ を一定の時間間隔 $T$ ごとに閉じるスイッチを通して取り出すと，図 4.2 のような等間隔のインパルス列（impulse sequence）が得られる．スイッチはある有限な時間 $\Delta$ $(>0)$ だけオン状態になる．この $\Delta$ が無限小になった極限を考える．そのような，連続信号 $f(t)$ に対する理想サンプラの出力を $f^*(t)$ で表す．$f^*(t)$ はインパルス系列

$$i(t)=\sum_{k=0}^{\infty}\delta(t-kT) \tag{4.3}$$

を $f(t)$ で変調したものとみなせる．すなわち

$$f^*(t)=f(t)\cdot i(t)=\sum_{k=0}^{\infty}f(kT)\,\delta(t-kT) \tag{4.4}$$

である．これをインパルス列という．この式のラプラス変換を求めると

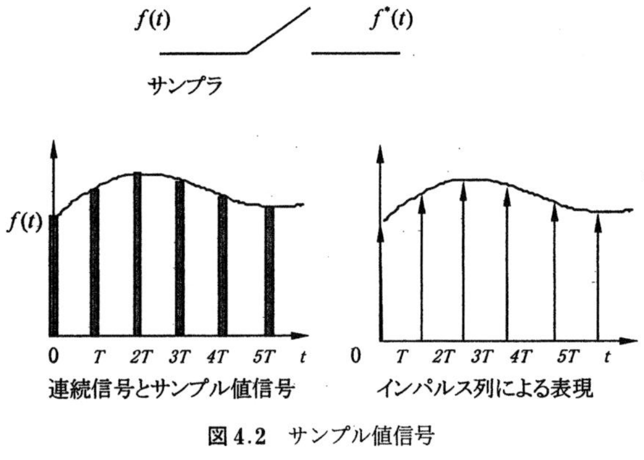


図 4.2 サンプル値信号

$$F^*(s)=L[f^*(t)]=L\left[\sum_{k=0}^{\infty}f(kT)\,\delta(t-kT)\right]=\sum_{k=0}^{\infty}f(kT)\,e^{-kTs} \tag{4.5}$$

ここで

$$e^{Ts}=z \tag{4.6}$$

でおきかえると

$$F(z)=\sum_{k=0}^{\infty}f(kT)\,z^{-k} \tag{4.7}$$

は式(4.1) で定義した数列 $\{f(kT)\}$ の $z$ 変換にほかならない．連続信号 $f(t)$ から導かれたものでもあるので，$f(t)$ の $z$ 変換ともいう．

**(例 4.1)**

$f(t)=e^{-at}$ とする．このとき，$f(t)$ のラプラス変換は

$$F(s)=L[f(t)]=\frac{1}{s+a}$$

である．$f(t)$ のサンプル値信号（sampled signal）は

$$f^*(t)=\sum_{n=0}^{\infty}e^{-anT}\delta(t-nT)$$

である．$f^*(t)$ のラプラス変換は

$$F^*(s)=L[f^*(t)]=\int_0^{\infty}\sum_{n=0}^{\infty}e^{-anT}\delta(t-nT)\,e^{-st}dt=\sum_{n=0}^{\infty}e^{-n(s+a)T}$$

である．式(4.6) より，

$$F^*(s)=\sum_{n=0}^{\infty}e^{-n(s+a)T}=\sum_{n=0}^{\infty}e^{-nsT}e^{-naT}=\sum_{n=0}^{\infty}z^{-n}e^{-naT}$$

これは，$f(t)=e^{-at}$ の $z$ 変換を意味し，

$$F(z)=Z[e^{-at}]=\frac{z}{z-e^{-aT}}$$

である．

表 4.1 に，代表的な時間関数のラプラス変換とその $z$ 変換を示す．

**表 4.1** $z$ 変換の表

| 時間関数 | ラプラス変換 | $z$ 変換 |
|---|---|---|
| 単位インパルス $\delta(t)$ | 1 | 1 |
| 単位ステップ $\mathbf{1}(t)$ | $\dfrac{1}{s}$ | $\dfrac{z}{z-1}$ |
| $t$ | $\dfrac{1}{s^2}$ | $\dfrac{zT}{(z-1)^2}$ |
| $\dfrac{t^2}{2}$ | $\dfrac{1}{s^3}$ | $\dfrac{z(z+1)T^2}{2(z-1)^3}$ |
| $e^{-at}$ | $\dfrac{1}{s+a}$ | $\dfrac{z}{z-e^{-aT}}$ |
| $\sin \omega t$ | $\dfrac{\omega}{s^2+\omega^2}$ | $\dfrac{z\sin\omega T}{z^2-2z\cos\omega T+1}$ |
| $\cos \omega t$ | $\dfrac{s}{s^2+\omega^2}$ | $\dfrac{z^2-z\cos\omega T}{z^2-2z\cos\omega T+1}$ |

**(例 4.2)**

ラプラス変換が $F(s)=\dfrac{1}{s(s+1)}$ で与えられる時間関数の $z$ 変換を求めてみよう．

1つは部分分数による方法がある．$F(s)$ を部分分数展開（partial factorial expansion）すると

$$F(s)=\frac{1}{s(s+1)}=\frac{1}{s}-\frac{1}{s+1}$$

である．右辺の各項に対して表 4.1 を適用すると

$$F(z)=\frac{z}{z-1}-\frac{z}{z-e^{-T}}=\frac{z(1-e^{-T})}{(z-1)(z-e^{-T})}$$

である．

$z$ 変換は，次式のように留数（resdue）を使って求めることもできる．

$$F(z)=\sum \text{residues of } F(s)\frac{z}{z-e^{sT}} \text{ at poles of } F(s) \qquad (4.8)$$

**(例 4.3)**

例 4.2 の時間関数の $z$ 変換を留数を使って求めてみよう．$F(s)$ は $s=0$ と $s=-1$ に 2 つの極をもつ．$s=0$ での留数は

$$R_1=\lim_{s\to 0} s\left[\frac{1}{s(s+1)}\cdot\frac{z}{z-e^{sT}}\right]=\frac{z}{z-1}$$

である．また，$s=-1$ での留数は

$$R_2=\lim_{s\to-1}(s+1)\left[\frac{1}{s(s+1)}\cdot\frac{z}{z-e^{sT}}\right]=-\frac{z}{z-e^{-T}}$$

である．この 2 つの留数の和は例 4.2 の結果に一致する．

**[例題 4.1]**

$\cos\omega t$ の $z$ 変換を式(4.8) を使って求めよ．

[解]

$\cos\omega t$ のラプラス変換は $\frac{s}{s^2+\omega^2}=\frac{s}{(s-j\omega)(s+j\omega)}$ である．この極は $s=j\omega$ と $s=-j\omega$ である．$s=j\omega$ での留数 $R_1$ は

$$R_1=\lim_{s\to j\omega}(s-j\omega)\left[\frac{s}{(s-j\omega)(s+j\omega)}\cdot\frac{z}{z-e^{sT}}\right]$$
$$=\frac{j\omega}{(j\omega+j\omega)}\cdot\frac{z}{z-e^{j\omega T}}=\frac{1}{2}\cdot\frac{z}{z-e^{j\omega T}}$$

である．また，$s=-j\omega$ での留数 $R_2$ は

$$R_2=\lim_{s\to -j\omega}(s+j\omega)\left[\frac{s}{(s-j\omega)(s+j\omega)}\cdot\frac{z}{z-e^{sT}}\right]$$
$$=\frac{-j\omega}{(-j\omega-j\omega)}\cdot\frac{z}{z-e^{-j\omega T}}=\frac{1}{2}\cdot\frac{z}{z-e^{-j\omega T}}$$

である．$R_1$ と $R_2$ の和として，$\cos\omega t$ の $z$ 変換は，

$$R_1+R_2=\frac{1}{2}\left(\frac{z}{z-e^{j\omega T}}+\frac{z}{z-e^{-j\omega T}}\right)=\frac{z}{2}\left\{\frac{z-e^{-j\omega T}+z-e^{j\omega T}}{(z-e^{j\omega T})(z-e^{-j\omega T})}\right\}$$
$$=z\left\{\frac{z-\frac{1}{2}(e^{j\omega T}+e^{-j\omega T})}{z^2-2\frac{1}{2}(e^{j\omega T}+e^{-j\omega T})z+1}\right\}=\frac{z^2-z\cos\omega T}{z^2-2z\cos\omega T+1}$$

のように求められる．

**$z$ 変換の性質**：$z$ 変換には次の性質がある．

(1) $Z[e^{-at}f(t)]=F(ze^{aT})$，ただし，$F(z)=Z[f(t)]$

(2) $Z[tf(t)]=-zT\frac{dF(z)}{dz}$

(3) $Z[a^{t/T}f(t)]=F\left(\dfrac{z}{a}\right)$

(4) 初期値定理

$$f(0)=\lim_{z\to\infty}F(z)$$

(5) 最終値定理

$$f(\infty)=\lim_{z\to 1}\frac{z-1}{z}F(z)$$

(6) 時間軸の移動

$$Z[f(t-nT)]=z^{-n}F(z)$$
$$Z[f(t+nT)]=z^{n}F(z)-z^{n}f(0)-z^{n-1}f(T)-\cdots-zf[(n-1)T]$$

## 4.4 逆 z 変 換

$z$ 変換の逆変換は $F(z)$ から $f^*(t)$ を求めることである．代表的な方法を例を用いて示そう．

**部分分数法**：次の例を考える．

$$F(z)=\frac{(1-e^{-T})z}{(z-1)(z-e^{-T})} \tag{4.9}$$

この関数を部分分数に展開すると

$$F(z)=\frac{z}{z-1}-\frac{z}{z-e^{-T}} \tag{4.10}$$

である．表 4.1 から，対応する時間関数は

$$f(t)=1-e^{-t}$$

したがって，$f^*(t)$ は

$$f^*(t)=\sum_{n=0}^{\infty}(1-e^{-nT})\delta(t-nT) \tag{4.11}$$

である．

**級数展開法**：$F(z)$ を巾級数に展開する．たとえば，式(4.9) を展開すると

$$F(z)=(1-e^{-T})z^{-1}+(1-e^{-2T})z^{-2}+(1-e^{-3T})z^{-3}+\cdots \tag{4.12}$$

これより，ただちに式(4.11) を得る．

**留数計算による方法**：式(4.12) の整級数は，複素関数論のローラン（Laurent）級数展開にほかならない．したがって，$f(nT)$ は

$$f(nT)=\frac{1}{2\pi j}\oint_C F(z)z^{n-1}dz$$
$$=\sum \text{residues of } F(z)z^{n-1} \text{ at poles of } F(z)z^{n-1} \qquad (4.13)$$

ここで，積分路 $C$ は $F(z)z^{n-1}$ のすべての極を囲む閉曲線である．

式(4.9) の例について計算してみよう．この例では 1 と $e^{-T}$ の 2 つの極があるので，それぞれの留数は

$$R_1=\lim_{z\to 1}(z-1)\frac{(1-e^{-T})z^n}{(z-1)(z-e^{-T})}=\left[\frac{(1-e^{-T})z^n}{z-e^{-T}}\right]_{z=1}=1$$

$$R_2=\lim_{z\to e^{-T}}(z-e^{-T})\left[\frac{(1-e^{-T})z^n}{(z-1)(z-e^{-T})}\right]=\left[\frac{(1-e^{-T})z^n}{z-1}\right]_{z=e^{-T}}=-e^{-nT}$$

である．この 2 つを加えると，$f(nT)=1-e^{-nT}$ を得る．

**[例題 4.2]**

次の関数の逆 $z$ 変換を求めよ．

$$G(z)=z\frac{z+1}{(z-0.6)(z+0.2)}$$

[解]

まず，部分分数による方法を使う．$G(z)$ は

$$G(z)=z\frac{z+1}{(z-0.6)(z+0.2)}=2\frac{z}{z-0.6}-\frac{z}{z+0.2}$$

のように部分分数に展開できる．上式右辺第 1 項は $\dfrac{z}{z-e^{-aT}}$ の形をしている．表 4.1 の第 5 行目から，これに対応する逆 $z$ 変換は $e^{-at}=e^{-anT}$ である．$e^{-aT}=0.6$ より $2e^{-anT}=2(0.6)^n$ である．一方，右辺第 2 項は表 4.1 にはないが，$f(nt)=(-b)^n$ であるとき，

$$F(z)=1+(-b)^1z^{-1}+(-b)^2z^{-2}+(-b)^3z^{-3}+\cdots+(-b)^nz^{-n}+\cdots$$
$$=\frac{1}{1-(-bz^{-1})}=\frac{z}{z+b}$$

が成り立つから，右辺第2項は $(-0.2)^n$ である．したがって，$G(z)$ の逆 $z$ 変換は $f(nT)=2(0.6)^n-(-0.2)^n$ である．

次に，留数による計算では，

$$f(nT)=\lim_{z\to 0.6}(z-0.6)\frac{z+1}{(z-0.6)(z+0.2)}z^n$$

$$+\lim_{z\to 0.2}(z+0.2)\frac{z+1}{(z-0.6)(z+0.2)}z^n$$

$$=\frac{0.6+1}{0.6+0.2}(0.6)^n+\frac{-0.2+1}{-0.2-0.6}(-0.2)^n=2(0.6)^n-(-0.2)^n$$

のように機械的に求められる．

## 4.5　パルス伝達関数

図4.3のように，サンプラ（sampler）の後に伝達関数が $G(s)$ の線形システムが結合している場合を考えてみよう．

出力 $Y(s)$ は

$$Y(s)=F^*(s)G(s) \tag{4.14}$$

$F^*(s)$ を式(4.5) 右辺でおきかえると

$$Y(s)=\sum_{n=0}^{\infty}f(nT)e^{-nTs}G(s) \tag{4.15}$$

$G(s)$ のラプラス逆変換を $g(t)$（重み関数，インパルス応答）とすると，$Y(s)$ の逆変換は

$$y(t)=\sum_{n=0}^{\infty}f(nT)g(t-nT) \tag{4.16}$$

図4.3の点線のように，出力側に仮想的にサンプラを入れ，その出力，つまりサンプリング時点の出力に着目すると，そのラプラス変換は

$$Y^*(s)=\sum_{n=0}^{\infty}y(nT)e^{-nTs} \tag{4.17}$$

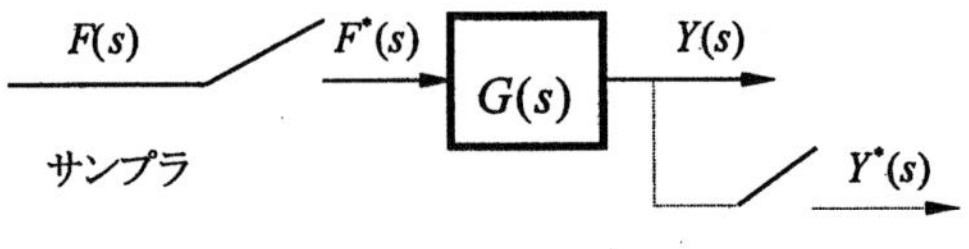


**図4.3**　サンプル値入力に対する伝達要素の応答

式(4.16) より $y(nT)$ は，$t<0$ のとき $g(t)=0$ であることに注意して

$$y(nT)=\sum_{n'=0}^{n} f(n'T)\,g(nT-n'T) \tag{4.18}$$

これを式(4.17) に代入して整理すると

$$\begin{aligned} Y^*(s) &= [f(0)+f(T)e^{-Ts}+\cdots][g(0)+g(T)e^{-Ts}+\cdots] \\ &= F^*(s)\,G^*(s) \end{aligned} \tag{4.19}$$

ただし

$$G^*(s)=\sum_{n=0}^{\infty} g(nT)\,e^{-nTs} \tag{4.20}$$

上記のことから，＊をほどこすことを＊演算と呼ぶことにしよう（このような呼び方は一般的ではないが，説明するうえで都合がよいので）．つまりサンプリング時点に着目した信号のラプラス変換について

$$[Y(s)]^*=Y^*(s) \tag{4.21}$$

$$[Y^*(s)\,G(s)]^*=Y^*(s)\,G^*(s) \tag{4.22}$$

式(4.19) に対応する $z$ 変換の関係は

$$Y(z)=F(z)\,G(z) \tag{4.23}$$

$G^*(s)$ あるいは $G(z)$ をパルス伝達関数（pulse transfer function）という．

次に，図 4.4 のように，サンプラの後に 2 つの線形システムが結合している系を考えてみよう．

$Y^*(s)$ は式(4.21)，(4.22) より

$$\begin{aligned} Y^*(s) &= [F^*(s)\,G_1(s)\,G_2(s)]^*=F^*(s)\,[G_1(s)\,G_2(s)]^* \\ &= F^*(s)\,G_1G_2{}^*(s) \end{aligned} \tag{4.24}$$

となる．ここで

$$G_1G_2{}^*(s)=[G_1(s)\,G_2(s)]^*$$

とおいた．対応する $z$ 変換は

$$Y(z)=G_1G_2(z) \tag{4.25}$$

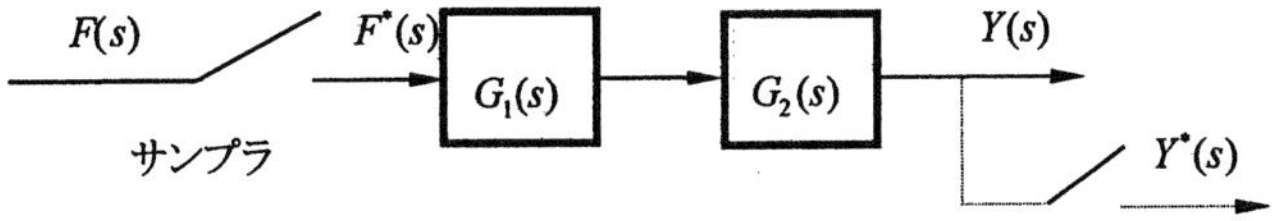


図 4.4 直列結合

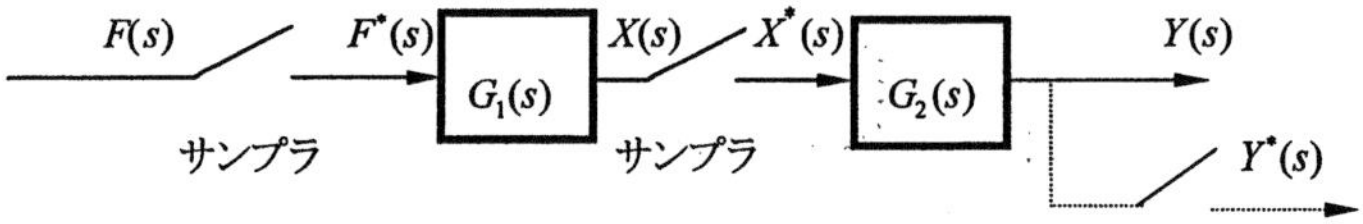


**図 4.5**　サンプラで分離された直列結合

である．

図 4.5 の場合を考えてみよう．

$$X^*(s)=[F^*(s)\,G_1(s)]^*=F^*(s)\,G_1{}^*(s)$$

$$Y^*(s)=[X^*(s)\,G_2(s)]^*=X^*(s)\,G_2{}^*(s)$$

したがって

$$Y^*(s)=F^*(s)\,G_1{}^*(s)\,G_2{}^*(s) \tag{4.26}$$

対応する $z$ 変換は

$$Y(z)=F(z)\,G_1(z)\,G_2(z) \tag{4.27}$$

である．

**(例 4.4)**

$G_1(s)=\dfrac{1}{s}$, $G_2(s)=\dfrac{1}{s+1}$ とする．図 4.4 の場合，

$$G_1G_2(z)=\frac{z(1-e^{-T})}{(z-1)(z-e^{-T})}$$

であり，図 4.5 の場合

$$G_1(z)=\frac{z}{z-1},\quad G_2(z)=\frac{z}{z-e^{-T}}$$

より

$$G_1(z)\,G_2(z)=\frac{z^2}{(z-1)(z-e^{-T})}$$

である．

この例から，一般には

$$G_1G_2(z)\neq G_1(z)\,G_2(z) \tag{4.28}$$

である．

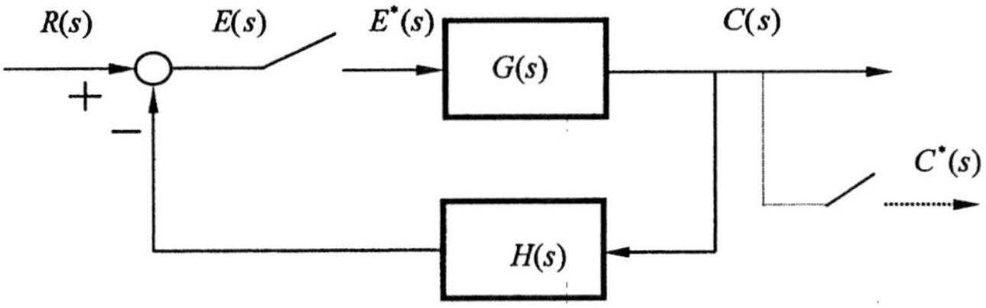


図 4.6　フィードバックを有するサンプル値制御系

次に，＊演算の性質を使って，図 4.6 のフィードバック系のパルス伝達関数を求めてみよう．

$$C(s)=E^*(s)G(s)$$
$$E(s)=R(s)-E^*(s)G(s)H(s)$$

両辺に＊演算をほどこすと

$$C^*(s)=E^*(s)G^*(s)$$
$$E^*(s)=R^*(s)-E^*(s)GH^*(s)$$

したがって

$$C^*(s)=\frac{G^*(s)}{1+GH^*(s)}R^*(s)$$

対応する $z$ 変換は

$$C(z)=\frac{G(z)}{1+GH(z)}R(z) \tag{4.29}$$

すなわち，フィードバック系の入力と出力間のパルス伝達関数は $\dfrac{G(z)}{1+GH(z)}$ である．

## 4.6 安　定　性

図 4.6 のフィードバック系において $H(s)=1$ とする．

$s$ 平面における虚軸の左半平面は，変換 $z=e^{sT}$ により，$z$ 平面における，原点を中心とする単位円の内部に写像される（図 4.7）．

したがって，$z$ 変換領域で，フィードバック系が安定であるためには，特性方程式のすべての根が単位円内になければならない．

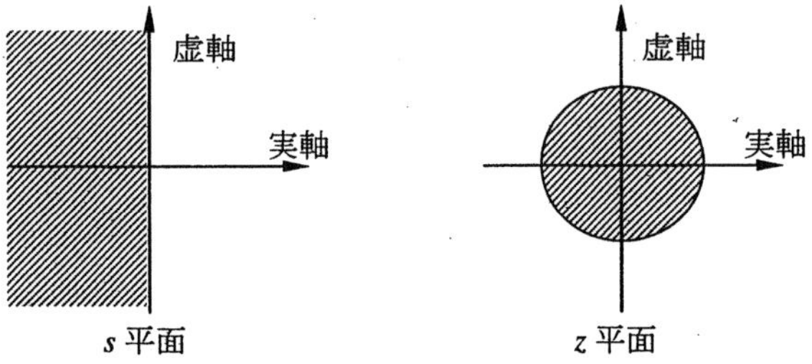


**図 4.7**　s 平面と z 平面におけ安定領域

**(例 4.5)**

$G(s)=\dfrac{K}{s(s+1)}$ とすると，

$$G(z)=\frac{Kz(1-e^{-T})}{(z-1)(z-e^{-T})}$$

であるので，特性方程式 $1+G(z)=0$ は

$$(z-1)(z-e^{-T})+Kz(1-e^{-T})=0$$

となる．この方程式の根が単位円の内部にのみ存在すればフィードバック系は安定（stable）である．

ラウス・フルビッツ法などのような $s$ 領域での安定判別法を利用するには，$z$ 平面の単位円を $s$ 平面の虚軸に写像できればよい．このことは，次の双 1 次変換

$$s=\frac{z+1}{z-1}$$

で行うことができる．$z$ について解くと

$$z=\frac{s+1}{s-1} \tag{4.30}$$

**(例 4.6)**

$T=1$ とすると，例 4.5 の特性方程式は

$$(z-1)(z-0.368)+0.632Kz=0$$

式(4.30) を代入すると

$$0.632Ks^2+1.264s+(2.736-0.632K)=0$$

ラウス・フルビッツの安定判別法を使うと，安定条件は

$$0.632K>0, \quad 2.736-0.632K>0$$

であるから，$K$ の安定範囲は

$$0<K<4.33$$

である．

**(例 4.7)**

根軌跡（root locus）の方法を使うと，双1次変換をせず，直接安定性が判別できる．例4.5において，やはり $T=1$ とすると，$G(z)$ は，$z=1$ と $z=0.368$ に極（×）をもち，$z=0$ に零点（○）をもつ．根軌跡は図4.8のようになる．$K=4.33$ が安定限界（borderline stability）を与えるゲインである．

**[例題 4.3]**

図4.6において，$G(s)=\dfrac{K}{(s+1)(s+2)}$，$K>0$，$H(s)=1$，$T=1$ とする．系の安定性を調べよ．

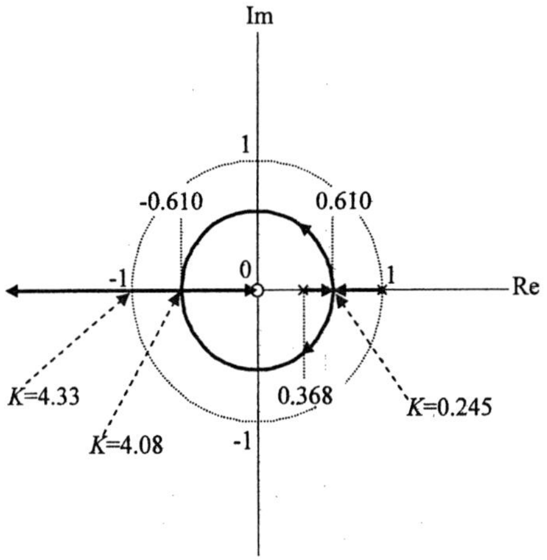


**図4.8**　$G(z)=\dfrac{Kz(1-e^{-T})}{(z-1)(z-e^{-T})}$，$T=1$ の根軌跡

[解]

パルス伝達関数は $G(z)=K\left(\frac{z}{z-e^{-1}}-\frac{z}{z-e^{-2}}\right)$ であるので，特性方程式は

$$z^2+\{K(e^{-1}-e^{-2})-(e^{-1}+e^{-2})\}z+e^{-3}=0$$

となる．式(4.30) を代入すると

$$\left(\frac{s+1}{s-1}\right)^2+\{K(e^{-1}-e^{-2})-(e^{-1}+e^{-2})\}\frac{s+1}{s-1}+e^{-3}=0$$

であり，

$$\{(1-e^{-1})(1-e^{-2})+K(e^{-1}-e^{-2})\}s^2$$
$$+2(1-e^{-3})s+(1+e^{-1})(1+e^{-2})-K(e^{-1}-e^{-2})=0$$

となる．$K>0$ より第1項と第2項は正だから，ラウス・フルビッツの安定判別法を使うと，安定条件は

$$0<K<\frac{(1+e^{-1})(1+e^{-2})}{e^{-1}-e^{-2}}=6.68$$

である．

## 4.7 ホールド回路

サンプラの後に，図 4.9 のようにインパルス系列を平滑化するためのフィルタをおく．代表的なものは，0 次ホールドである．すなわち，図 4.10 のような，ある時点のサンプル値を次の時点までその値に保持する回路である．0 次ホールド（zero-order hold）はディジタルコンピュータの内部の数値を D/A コンバータで出力することと等価の働きである．

0 次ホールドのとき，$y(t)$ は，単位ステップ関数 $\mathbf{1}(t)$ を使って

$$y(t)=f(0)[\mathbf{1}(t)-\mathbf{1}(t-T)]+f(T)[\mathbf{1}(t-T)-\mathbf{1}(t-2T)]$$
$$+f(2T)[\mathbf{1}(t-2T)-\mathbf{1}(t-3T)]+\cdots$$

のように表すことができる．このラプラス変換は

図 4.9　インパルス系列の平滑化

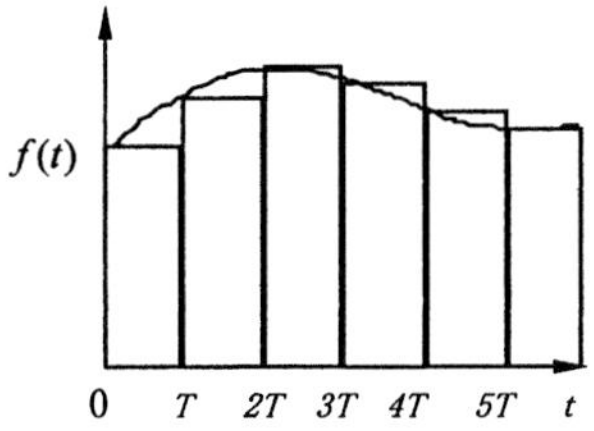


**図 4.10** 0 次ホールド回路の出波形

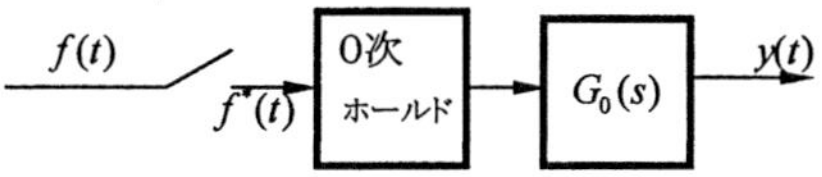


**図 4.11** 0 次ホールドと伝達要素の結合

$$Y(s)=f(0)\frac{1-e^{-Ts}}{s}+f(T)\frac{e^{-Ts}-e^{-2Ts}}{s}+f(2T)\frac{e^{-2Ts}-e^{-3Ts}}{s}+\cdots$$
$$=\frac{1-e^{-Ts}}{s}F^*(s) \tag{4.31}$$

このことから，0 次ホールドのラプラス変換は $\dfrac{1-e^{-Ts}}{s}$ となる．

いま図 4.11 のような，0 次ホールドの後に伝達関数 $G_0(s)$ を結合したシステムを考えてみよう．サンプラの後の伝達関数は

$$G(s)=(1-e^{-Ts})\left(\frac{G_0(s)}{s}\right)=G_1(s)\,G_2(s)$$

のように表せる．ただし，$G_1(s)=1-e^{-Ts}$，$G_2(s)=\dfrac{G_0(s)}{s}$ である．ここで

$$G_1{}^*(s)=G_1(s)$$

に注意すると

$$G(s)=G_1{}^*(s)\,G_2(s)$$

したがって

$$[G(s)]^*=[G_1{}^*(s)\,G_2(s)]^*=G_1{}^*(s)\,G_2{}^*(s)$$

対応する $z$ 変換は

$$G(z)=\frac{z-1}{z}G_2(z)=\frac{z-1}{z}Z\left[\frac{G_0(s)}{s}\right] \tag{4.32}$$

**(例 4.8)**

図 4.12 のフィードバック制御系の安定性を調べてみよう．

式(4.32) より，

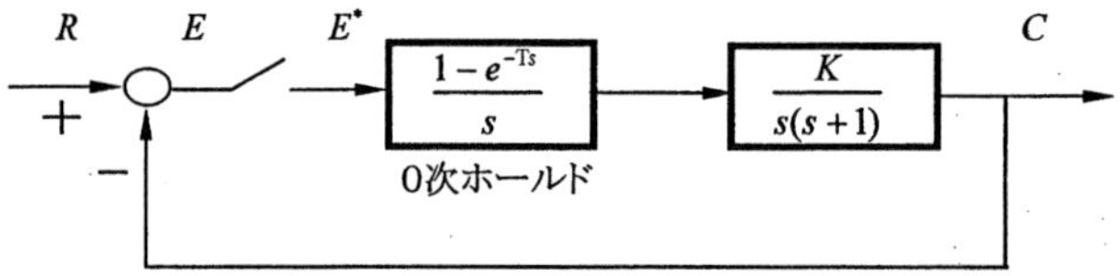


図 4.12　0 次ホールド回路をもつサンプル値制御系①

$$G(z)=\frac{z-1}{z}Z\left[\frac{K}{s^2(s+1)}\right]=K\left[\frac{T}{z-1}+\frac{e^{-T}-1}{z-e^{-T}}\right]$$

$T=1$ とすると

$$G(z)=\frac{0.368K(z+0.717)}{(z-1)(z-0.368)}$$

特性方程式は

$$(z-1)(z-0.368)+0.368K(z+0.717)=0$$

$z=\frac{s+1}{s-1}$ を代入すると

$$0.632Ks^2+(1.264-0.528K)s+(2.736-0.104K)=0$$

ラウス・フルビッツの安定判別法により，$K$ の安定範囲は

$$0<K<2.39$$

**[例題 4.4]**

図 4.13 の系の安定性を調べよ（$K>0$，$T=1$ とする）.

[解]

式(4.32) より，$T=1$ として

$$G(z)=\frac{z-1}{z}Z\left[\frac{K}{s(s+1)(s+2)}\right]=\frac{z-1}{z}K\cdot Z\left[\frac{1}{2}\left(\frac{1}{s}-\frac{2}{s+1}+\frac{1}{s+2}\right)\right]$$

$$=K(z-1)\frac{1}{2}\left(\frac{1}{z-1}-\frac{2}{z-e^{-1}}+\frac{1}{z-e^{-2}}\right)$$

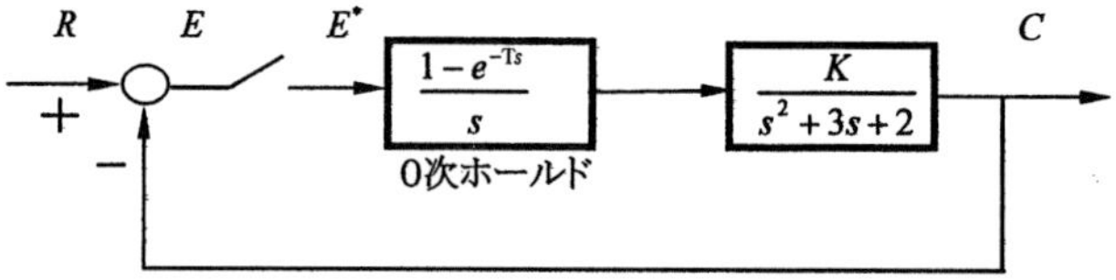


図 4.13　0 次ホールド回路をもつサンプル値制御系②

$$=\frac{K(1-e^{-1})^2}{2}\cdot\frac{(z+e^{-1})}{(z-e^{-1})(z-e^{-2})}$$

ここで，

$$K'=\frac{1}{2}K(1-e^{-1})^2,\quad a=e^{-1},\quad b=e^{-2}$$

とおくと，特性方程式は

$$1+G(z)=1+K'\frac{z+a}{(z-a)(z-b)}=0$$

となる．$z=\dfrac{s+1}{s-1}$ を代入して整理すると，

$$\{(a+1)K'+(1-a)(1-b)\}s^2+2\{1-a(K'+b)\}s$$
$$+(a-1)K'+(1+a)(1+b)=0$$

$K>0$，$a<1$，$b<1$，$K'>0$ より，上式第1項の係数は正である．したがって，ラウス・フルビッツの安定判別法による安定条件は，第2，3項の係数が正であることであり，

$$1-a(K'+b)>0,\quad (a-1)K'+(1+a)(1+b)>0$$

すなわち，

$$K<\frac{2(1-ab)}{a(1-e^{-1})^2}=\frac{2(1-e^{-3})}{e^{-1}(1-e^{-1})^2}\approx 12.9$$

$$K<\frac{2(1+a)(1+b)}{(1-a)(1-e^{-1})^2}=\frac{2(1+e^{-1})(1+e^{-2})}{(1-e^{-1})^3}\approx 12.3$$

であるから，安定条件は $0<K<12.3$ である．

## 4.8　離散時間システムの性質

次の差分方程式を考えてみよう．

$$y(k+n)+a_1y(k+n-1)+\cdots+a_ny(k)$$
$$=b_0u(k+n)+b_1u(k+n-1)+\cdots+b_nu(k) \qquad (4.33)$$

この方程式の状態方程式表現は式(1.28) の連続系の場合と同様に

$$\begin{bmatrix} x_1(k+1) \\ x_2(k+1) \\ \vdots \\ \vdots \\ x_n(k+1) \end{bmatrix} = \begin{bmatrix} 0 & 1 & 0 & \cdots & 0 \\ 0 & 0 & 1 & \cdots & 0 \\ \vdots & \vdots & \vdots & \ddots & \vdots \\ 0 & 0 & 0 & \cdots & 1 \\ -a_n & -a_{n-1} & -a_{n-2} & \cdots & -a_1 \end{bmatrix} \begin{bmatrix} x_1(k) \\ x_2(k) \\ \vdots \\ \vdots \\ x_n(k) \end{bmatrix} + \begin{bmatrix} h_1 \\ h_2 \\ \vdots \\ \vdots \\ h_n \end{bmatrix} u(kT) \tag{4.34}$$

のようなコンパニオン行列を使って表すことができる．ここで状態変数は

$$x_1(k) = y(k) - b_0 u(k)$$
$$x_2(k) = x_1(k+1) - h_1 u(k)$$
$$\vdots$$
$$x_n(k) = x_{n-1}(k+1) - h_{n-1} u(k)$$

のように選ぶ．これらの右辺の係数は次の通りである．

$$h_1 = b_1 - a_1 b_0$$
$$h_2 = b_2 - a_2 b_0 - a_1 h_1$$
$$\vdots$$
$$h_n = b_n - a_n b_0 - a_{n-1} h_1 - \cdots - a_2 h_{n-2} - a_1 h_{n-1}$$

出力方程式は

$$y(t) = [1 \quad 0 \quad \cdots \quad 0]\boldsymbol{x}(k) + b_0 u(k) \tag{4.35}$$

である．

**（例 4.9）**

次の差分方程式の状態方程式表現を求めよう．

$$y(k+2) + 0.7y(k+1) + 0.1y(k) = 2u(k+1) + u(k)$$

式(4.35) の形式になるので，$h_1 = b_1 - a_1 b_0 = 2$，$h_2 = b_2 - a_2 b_0 - a_1 h_1 = -0.4$ より

$$\begin{bmatrix} x_1(k+1) \\ x_2(k+1) \end{bmatrix} = \begin{bmatrix} 0 & 1 \\ -0.1 & -0.7 \end{bmatrix} \begin{bmatrix} x_1(k) \\ x_2(k) \end{bmatrix} + \begin{bmatrix} 2.0 \\ -0.4 \end{bmatrix} u(k)$$

$$y(k) = [1 \quad 0] \begin{bmatrix} x_1(k) \\ x_2(k) \end{bmatrix} + 2u(k)$$

を得る．

**連続時間システムの離散時間表現**：連続時間システムの状態方程式表現

$$\dot{\boldsymbol{x}}(t)=\boldsymbol{A}\boldsymbol{x}(t)+\boldsymbol{b}u(t)$$

について，入力 $u(t)$ がサンプリング時点間 $kT \leqq t<(k+1)T$ で一定とする．つまり，$kT \leqq t<(k+1)T$ を満たす $t$ に対して $u(t)=u(kT)$ であるとする．このとき式(2.12) において，$t_0=kT$，$t=(k+1)T$ とおくと

$$\boldsymbol{x}((k+1)T)=e^{\boldsymbol{A}((k+1)T-kT)}\boldsymbol{x}_0+\int_{kT}^{(k+1)T}e^{\boldsymbol{A}((k+1)T-\tau)}\boldsymbol{b}u(\tau)\,d\tau$$

であり，$(k+1)T-\tau$ を改めて $\tau$ に変数変換することで

$$\boldsymbol{x}((k+1)T)=e^{\boldsymbol{A}T}\boldsymbol{x}(kT)+\int_0^T e^{\boldsymbol{A}\tau}d\tau\boldsymbol{b}u(kT)$$

と表すことができる．あるいは

$$\boldsymbol{x}(k+1)=\Phi(T)\boldsymbol{x}(k)+\Gamma(T)u(k) \tag{4.36}$$

と表記する．ここで $\boldsymbol{x}(k+1)=\boldsymbol{x}((k+1)T)$，$\boldsymbol{x}(k)=\boldsymbol{x}(kT)$，$u(k)=u(kT)$ のように略記することにし，

$$\Phi(T)=e^{\boldsymbol{A}T} \tag{4.37}$$

$$\Gamma(T)=\left(\int_0^T e^{\boldsymbol{A}\tau}d\tau\right)\boldsymbol{b} \tag{4.38}$$

とおく．

**(例 4.10)**

次の連続時間システムを考えてみよう．ここで $T=0.2$ s とする．

$$\ddot{y}(t)+3\dot{y}(t)+2y(t)=u(t)$$

$y(t)=x_1(t)$，$\dot{y}(t)=x_2(t)$ とおくと

$$\begin{bmatrix}\dot{x}_1(t)\\ \dot{x}_2(t)\end{bmatrix}=\begin{bmatrix}0 & 1\\ -2 & -3\end{bmatrix}\begin{bmatrix}x_1(t)\\ x_2(t)\end{bmatrix}+\begin{bmatrix}0\\ 1\end{bmatrix}u(t)$$

時刻 $T$ における遷移行列 $\Phi(T)=e^{\boldsymbol{A}T}$ は式(4.37) より

$$\Phi(t)=L^{-1}[(s\boldsymbol{I}-\boldsymbol{A})^{-1}]=\begin{bmatrix}2e^{-t}-e^{-2t} & e^{-t}-e^{-2t}\\ -2e^{-t}+2e^{-2t} & -e^{-t}+2e^{-2t}\end{bmatrix}$$

より，$t=T$ とおいて得られる．また，$\Gamma(T)$ は式(4.38) より

$$\Gamma(T)=\begin{bmatrix}\dfrac{1}{2}(1-2e^{-T}+e^{-2T})\\ e^{-T}-e^{-2T}\end{bmatrix}$$

$T=0.2$ とすると

$$\begin{bmatrix}x_1(k+1)\\ x_2(k+1)\end{bmatrix}=\begin{bmatrix}0.968 & 0.149\\ -0.298 & 0.521\end{bmatrix}\begin{bmatrix}x_1(k)\\ x_2(k)\end{bmatrix}+\begin{bmatrix}0.016\\ 0.149\end{bmatrix}u(k)$$

**[例題 4.5]**

次の方程式のサンプリング時点における離散時間状態方程式を求めよ．ただし，$a=1$，$T=0.2$ とする．

$$\dot{y}(t)+ay(t)=au(t) \qquad \left(\text{時定数が}\ \frac{1}{a}\ \text{の 1 次遅れ系}\right)$$

[解]

状態方程式表現は

$$\begin{cases}\dot{x}(t)=-ax(t)+au(t)\\ y(t)=x(t)\end{cases}$$

である．

$$\Phi(T)=e^{AT}=e^{-aT}$$

$$\Gamma(T)=\left(\int_0^T e^{A\tau}d\tau\right)\boldsymbol{b}=\frac{1}{(-a)}[e^{-a\tau}]_0{}^T a=1-e^{-aT}$$

であるから，

$$\begin{cases}x(k+1)=e^{-aT}x(k)+(1-e^{-aT})u(k)\\ \quad y(k)=x(k)\end{cases}$$

と表せる．$a=1$，$T=0.2$ を代入すれば，

$$\begin{cases}x(k+1)=0.819x(k)+0.181u(k)\\ \quad y(k)=x(k)\end{cases}$$

を得る．

図 4.14 のシステムにおいて，伝達関数 $G_0(s)$ の状態方程式表現を

$$\dot{\boldsymbol{x}}(t)=\boldsymbol{A}\boldsymbol{x}(t)+\boldsymbol{b}u(t) \tag{4.39}$$

$$y(t)=\boldsymbol{c}^{\mathrm{T}}\boldsymbol{x}(t) \tag{4.40}$$

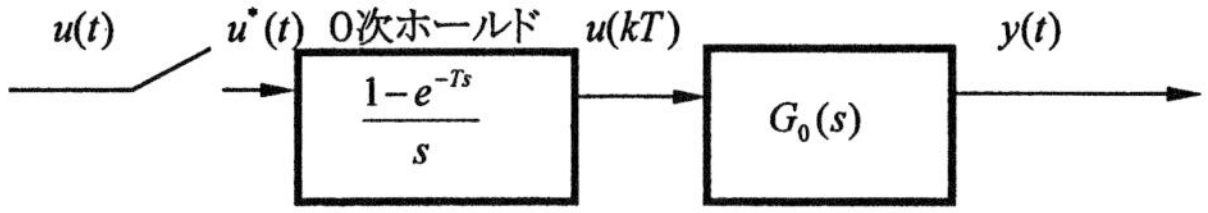


**図 4.14** 離散時間システム

とする．つまり

$$G_0(s) = \boldsymbol{c}^{\mathrm{T}}(s\boldsymbol{I} - \boldsymbol{A})^{-1}\boldsymbol{b} \tag{4.41}$$

$u^*(t)$ から $y^*(t)$ までのパルス伝達関数は式(4.32) より

$$G(z) = \frac{z-1}{z} Z\left[\frac{G_0(s)}{s}\right]$$

から求められる．

一方，式(4.39) の離散時間表現 (discrete-time expression) は

$$\boldsymbol{x}(k+1) = \Phi(T)\boldsymbol{x}(k) + \Gamma(T)u(k) \tag{4.42}$$

また，出力は

$$y(k) = \boldsymbol{c}^{\mathrm{T}}\boldsymbol{x}(k) \tag{4.43}$$

したがって，初期状態 $\boldsymbol{x}(0)=0$ として，式(4.42) と (4.43) の $z$ 変換から

$$\frac{Y(z)}{U(z)} = G(z) = \boldsymbol{c}^{\mathrm{T}}\{z\boldsymbol{I} - \Phi(T)\}^{-1}\Gamma(T) \tag{4.44}$$

つまり，連続系を離散化した状態方程式表現からパルス伝達関数 $G(z)$ を求めることができる．

**(例 4.11)**

$G(s) = \dfrac{K}{s(s+1)}$ とする．状態方程式表現は

$$\dot{\boldsymbol{x}}(t) = \begin{bmatrix} 0 & 1 \\ 0 & -1 \end{bmatrix}\boldsymbol{x}(t) + \begin{bmatrix} 0 \\ 1 \end{bmatrix}u(t), \quad y(t) = [K \quad 0]x(t)$$

$\Phi(T)$，$\Gamma(T)$ は

$$\Phi(T) = \begin{bmatrix} 1 & 1-e^{-T} \\ 0 & e^{-T} \end{bmatrix}$$

$$\Gamma(T) = [T + e^{-T} - 1 \quad -e^{-T} + 1]^{\mathrm{T}}$$

したがって

$$G(z)=\boldsymbol{c}^T[z\boldsymbol{I}-\Phi(T)]\Gamma(T)=K\frac{T(z-e^{-T})+(e^{-T}-1)(z-1)}{(z-1)(z-e^{-T})}$$

これは，例 4.8 の $G(z)$ に一致する．

**サンプリング時点間の応答**：式(4.36) はサンプリング時点 $t=kT$，$k=0,1,2,\cdots$ のみの入出力関係を表している．サンプリングから次のサンプリングの間の応答は次のように求められる．式(2.12) において，

$t_0=kT$，$t=(k+\Delta)T$，$0\leqq\Delta<1$ とおくと

$$\boldsymbol{x}((k+\Delta)T)=e^{\boldsymbol{A}\Delta T}\boldsymbol{x}(kT)+\int_{kT}^{(k+\Delta)T}e^{\boldsymbol{A}[(k+\Delta)T-\tau]}\boldsymbol{b}u(\tau)\,d\tau$$

$\lambda=(k+\Delta)T-\tau$ とおくと

$$\begin{aligned}\boldsymbol{x}((k+\Delta)T)&=e^{\boldsymbol{A}\Delta T}\boldsymbol{x}(kT)+\int_0^{\Delta T}e^{\boldsymbol{A}\lambda}d\lambda\boldsymbol{b}u(kT)\\&=\Phi(\Delta T)\boldsymbol{x}(kT)+\Gamma(\Delta T)u(kT)\end{aligned}\qquad(4.45)$$

ここで

$$\Phi(\Delta T)=e^{\boldsymbol{A}\Delta T}$$

$$\Gamma(\Delta T)=\left(\int_0^{\Delta T}e^{\boldsymbol{A}\lambda}d\lambda\right)\boldsymbol{b}$$

これは，$\Phi$ と $\Gamma$ について $\Delta T$ 分の時間進行を考えればよいということを意味している．

## 4.9　離散時間システムの可制御性と可観測性

次の離散時間系を考える．

$$\begin{cases}\boldsymbol{x}(k+1)=\boldsymbol{A}\boldsymbol{x}(k)+\boldsymbol{b}u(k)\\ y(k)=\boldsymbol{c}^{\mathrm{T}}\boldsymbol{x}(k)\end{cases}\qquad(4.46)$$

**可制御性**：任意の状態 $\boldsymbol{x}_0$，$\boldsymbol{x}_1$ について，初期状態 $\boldsymbol{x}(0)=\boldsymbol{x}_0$ から出発して，有限の時点で状態 $\boldsymbol{x}_1$ に到達させる入力系列 $\{u(k)\}$ が存在するならば，システムは可制御である，あるいは単に可制御であるという．

いま

$$\boldsymbol{C}(\boldsymbol{A},\boldsymbol{b})=[\boldsymbol{b}\quad \boldsymbol{A}\boldsymbol{b}\quad \boldsymbol{A}^2\boldsymbol{b}\quad \cdots\quad \boldsymbol{A}^{n-1}\boldsymbol{b}] \tag{4.47}$$

とおき，これを可制御性行列と呼ぶ．**システム(4.46)が可制御であるための必要十分条件は，可制御性行列 $C(\boldsymbol{A},\boldsymbol{b})$ が正則なことである．**

**可観測性**：入力を $u(k)=0,\ k=0,1,2,\cdots$ とする．このようにしても一般性は失わない．任意の初期状態 $\boldsymbol{x}(0)=\boldsymbol{x}_0$ について，ある有限の時点 $k_1$ が存在し，出力 $\{y(k)\}_{k=0,1,\cdots,k_1}$ を観測することにより，初期状態 $\boldsymbol{x}_0$ を決定できるとき，システムは完全可観測である，あるいは単に可観測であるという．

いま

$$\boldsymbol{O}(\boldsymbol{A},\boldsymbol{c})=[\boldsymbol{c}\quad \boldsymbol{A}^{\mathrm{T}}\boldsymbol{c}\quad (\boldsymbol{A}^2)^{\mathrm{T}}\boldsymbol{c}\quad \cdots\quad (\boldsymbol{A}^{n-1})^{\mathrm{T}}\boldsymbol{c}]^{\mathrm{T}} \tag{4.48}$$

とおき，可観測性行列と呼ぶ．**システム(4.42)が可観測であるための必要十分条件は，可観測性行列 $O(\boldsymbol{A},\boldsymbol{c})$ が正則なことである．**

**[例題 4.6]**

$$\boldsymbol{A}=\begin{bmatrix}0 & 1\\ 0 & 0\end{bmatrix},\quad \boldsymbol{b}=\begin{bmatrix}1\\ 0\end{bmatrix}$$

のとき，この系は可制御ではないが，任意の状態から出発して有限の時点で原点に到達できることを示せ（離散時間の場合は，このようなケースが存在するので，可制御性とは別に可到達性（reachability）という概念が導入されている）．

［解］

式(4.46)より，$k=0$ のとき

$$\boldsymbol{x}(1)=\boldsymbol{A}\boldsymbol{x}(0)+\boldsymbol{b}u(0)$$

$k=1$ のとき

$$\begin{aligned}\boldsymbol{x}(2)&=\boldsymbol{A}\boldsymbol{x}(1)+\boldsymbol{b}u(1)=\boldsymbol{A}\{\boldsymbol{A}\boldsymbol{x}(0)+\boldsymbol{b}u(0)\}+\boldsymbol{b}u(1)\\ &=\boldsymbol{A}^2\boldsymbol{x}(0)+\boldsymbol{A}\boldsymbol{b}u(0)+\boldsymbol{b}u(1)\end{aligned}$$

である．$\boldsymbol{A}^2=0$ であるから，0 入力 $u(0)=u(1)=0$ かつ任意の初期状態 $\boldsymbol{x}(0)$ に対し，上式は 0 ベクトルとなる．一般に $\det \boldsymbol{A}=0$ のとき，$1\leqq i\leqq n$（$\boldsymbol{A}$ の次元）を満たす整数 $i$ に対して $\boldsymbol{A}^i=0$ となるような $\boldsymbol{A}$ が存在する．ただし連続系を離散化して得られる式(4.42)では $\det \boldsymbol{A}\neq 0$ であり，可制御性と可到

達性は等価である．

式(4.46) のパルス伝達関数 (pulse transfer function) を求めよう．式(4.46) の第1式を $z$ 変換すると

$$zX(z)-zx(0)=AX(z)+bU(z)$$

であり，

$$X(z)=[zI-A]^{-1}[zx(0)+bU(z)]$$

である．また，式(4.46) の第2式から $Y(z)=c^{\mathrm{T}}X(z)$ であるから，上式で初期状態 $x(0)$ を 0 とすれば，

$$\frac{Y(z)}{U(z)}=G(z)=c^{\mathrm{T}}(zI-A)^{-1}b=\frac{c^{\mathrm{T}}\mathrm{adj}(zI-A)\,b}{\det(zI-A)} \tag{4.49}$$

を得る．

離散時間系の場合にも，連続系と同じように，その状態表現と伝達関数の間に次の関係がある．すなわち，式(4.49) が既約となる必要十分条件は，式(4.46) が可制御かつ可観測なことである．

また，状態表現が最小実現であることは，可制御かつ可観測であることと等価である．

## 4.10 ディジタル制御系の設計—伝達関数による方法—

ディジタル制御系の設計には，離散時間系として取り扱う方法と，始めは連続時間系で設計（すでに学んだ連続系の設計方法が，すべて使える）しておき，そこで得たコントローラを離散化する方法とがある．前者の場合も，$z$ 領域での根軌跡による方法や双1次変換によって周波数領域を適用する方法など連続系におけるものと同様の方法で設計できる．ここでは，前者の方法の1つとして，モデルマッチング (model matching) による方法を簡単に紹介する．

図4.15において，プラント（制御対象）の式(4.32) で計算される0次ホールドつきパルス伝達関数を $G(z)$ とすると，このフィードバック系の閉ループパルス伝達関数は

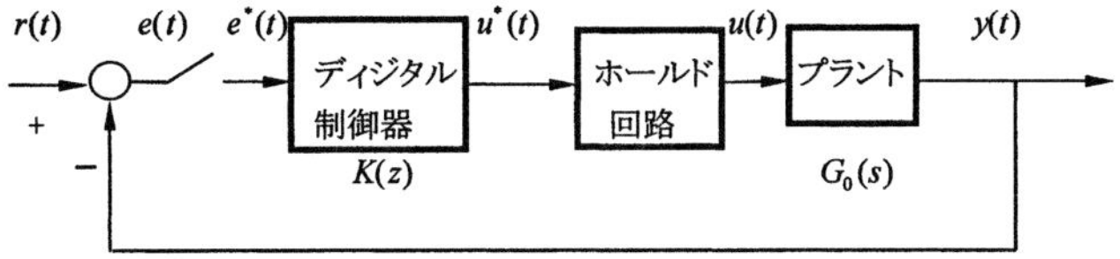


**図 4.15** ディジタル制御系

$$W(z)=\frac{K(z)G(z)}{1+K(z)G(z)} \tag{4.50}$$

である．逆に，ある望ましい $W^*(z)$ が与えられているとして，$K(z)$ を

$$K(z)=\frac{1}{G(z)}\cdot\frac{W^*(z)}{1-W^*(z)} \tag{4.51}$$

とおけば，式(4.51) を (4.50) に代入して $W(z)=W^*(z)$ となる．

しかし，このことはやみくもにはできない．$W^*(z)$ は，式(4.50) で実現できる安定な伝達関数のクラスに属している必要があり，$W^*(z)$ の選び方には自ずと制約がある（ここでは，詳しくはふれない）．

**（例 4.12）**

$T=1$ とし，$G_0(s)=\dfrac{s+2}{s(s+1)}$ とする．このとき，単位ステップ応答が $y(t)=5(1-e^{-2t})$ になるようなディジタル制御器を設計することを制御の目的としよう．

式(4.32) より

$$G(z)=\frac{1.368z-0.104}{z^2-1.368z+0.368}$$

である．$y(t)=5(1-e^{-2t})$ の $z$ 変換は

$$Y(z)=\frac{4.32z}{(z-1)(z-0.135)}$$

である．よって

$$W^*(z)=\frac{Y(z)}{R(z)}=\frac{4.32z}{(z-1)(z-0.135)}\cdot\frac{z-1}{z}=\frac{4.32}{z-0.135}$$

したがって，式(4.51) より

$$\frac{U(z)}{E(z)}=K(z)=\frac{4.32z^2-5.91z+1.59}{1.368z^2-6.202z+0.46}$$

を得る．ディジタル制御器（つまりディジタル計算機）では，次の計算を行えばよい．

$$u(k)=4.53u(k-1)-0.34u(k-2)+3.16e(k)-4.32e(k-1)+1.16e(k-2)$$

いま，閉ループ（closed-loop）パルス伝達関数が

$$W^*(z)=\sum_{i=0}^{m} w_i z^{-i} \tag{4.52}$$

であるとする．このとき，単位ステップ応答は

$$Y(z)=W^*(z)\frac{z}{z-1}=\left(\sum_{i=0}^{m} w_i z^{-i}\right)\left(\sum_{j=0}^{\infty} z^{-j}\right) \tag{4.53}$$

より

$$y(kT)=\begin{cases} w_0+w_1+\cdots+w_k & (k\leqq m) \\ w_0+w_1+\cdots+w_m & (k>m) \end{cases} \tag{4.54}$$

連続系ではステップ応答が最終値に達するために無限大の時間が必要である．この点，サンプル値系は，$W(z)$ を $z^{-1}$ の有限項のべき級数にすることにより，ステップ応答を有限時間で整定させることができる．これを有限時間整定制御（deadbeat control）という．もし，

$$w_0+w_1+\cdots+w_m=1$$

なら，目標値 $r$ が単位ステップ関数であるとすると，$k\geqq m$ に対して $y(kT)=1$ となる．つまり，この系の出力は，有限時間 $m$ で入力と同じ値に達する．

**[例題 4.7]**

$G_0(s)=\dfrac{e^{-2sT}}{s+1}$ であるとき，$W^*(z)=z^{-3}$ となるようにしたい．$K(z)$ をどのように選べばよいか．また，単位ステップ入力に対する応答波形を描け．

[解]

式(4.32) より，

$$G(z)=\frac{z-1}{z}Z\left[\frac{G_0(s)}{s}\right]=\frac{z-1}{z}z^{-2}Z\left[\frac{1}{s(s+1)}\right]$$

$$=\frac{z-1}{z}z^{-2}\frac{z(1-e^{-T})}{(z-1)(z-e^{-T})}=\frac{1-e^{-T}}{z^2(z-e^{-T})}$$

である．上式と $W^*(z)=z^{-3}$ を式(4.51) に代入すれば，

$$\frac{U(z)}{E(z)}=K(z)=\frac{z^2(z-e^{-T})}{1-e^{-T}}\cdot\frac{z^{-3}}{1-z^{-3}}=\frac{z-e^{-T}}{1-e^{-T}}\cdot\frac{z^{-1}}{1-z^{-3}}$$
$$=(1-e^{-T})^{-1}\frac{1-e^{-T}z^{-1}}{1-z^{-3}}$$

を得る．すなわち，

$$(1-z^{-3})\,U(z)=(1-e^{-T})^{-1}(1-e^{-T}z^{-1})\,E(z)$$

である．これを，初期値を 0 として逆 $z$ 変換し，差分方程式にすると，

$$u(k)=u(k-3)+(1-e^{-T})^{-1}\{e(k)-e^{-T}e(k-1)\}$$

という制御装置のアルゴリズムを得る．

応答波形は次のようにして求まる．閉ループのパルス伝達関数が

$$W^*(z)=z^{-3}$$

であり，これに単位ステップ関数 $R(z)=\dfrac{z}{z-1}$ を入力するので出力の $z$ 変換 $Y(z)$ は

$$Y(z)=W^*(z)R(z)=z^{-3}\frac{z}{z-1}$$

となる．これを逆 $z$ 変換すると，$z^{-3}$ が 3 サンプルの遅延演算子で $\dfrac{z}{z-1}$ が単位ステップ関数の $z$ 変換だから，

$$y(k)=\begin{cases}0 & (k\leqq 2)\\ 1 & (k\geqq 3)\end{cases}$$

を得る．これを，他の信号とともに図示すると図 4.16 のようになる．ただし，各サンプリング時点以外の値は線形に内挿しているだけであり，連続系の応答

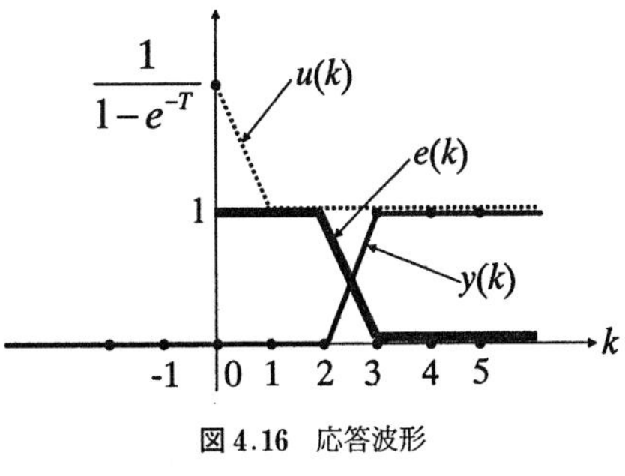


**図 4.16**　応答波形

を正しく表しているわけではない.

## 4.11　連続時間系による設計の適用

図 4.17 の時間連続な制御系を考える.

制御装置 $C(s)$ は，周波数応答法などによって設計するものとする. それを次の方法で離散時間近似して，ディジタル制御装置 $K(z)$ を求める. サンプリング周期を $T$ とする.

(1)　後退差分による近似

$$K(z)=C\left(\frac{z-1}{Tz}\right) \tag{4.55}$$

(2)　双 1 次変換による近似

$$K(z)=C\left(\frac{2}{T}\cdot\frac{z-1}{z+1}\right) \tag{4.56}$$

(3)　0 次ホールドつき $z$ 変換による近似

$$K(z)=Z\left[\frac{1-e^{-Ts}}{s}C(s)\right] \tag{4.57}$$

たとえば，積分要素 $\frac{1}{s}$ に上記の (1)，(2)，(3) を適用してみよう. まず，後退差分による近似の場合

$$C\left(\frac{z-1}{Tz}\right)=\frac{Tz}{z-1}$$

したがって，$e(t)$ と $u(t)$ の関係を求めると次の差分方程式を得る.

$$u[(k+1)T]-u(kT)=Te[(k+1)T]$$

あるいは

$$u[(k+1)T]=u(kT)+Te[(k+1)T]$$

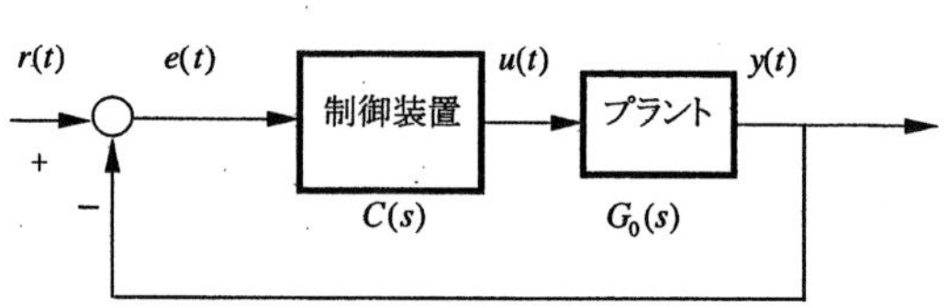


**図 4.17**　連続時間制御系

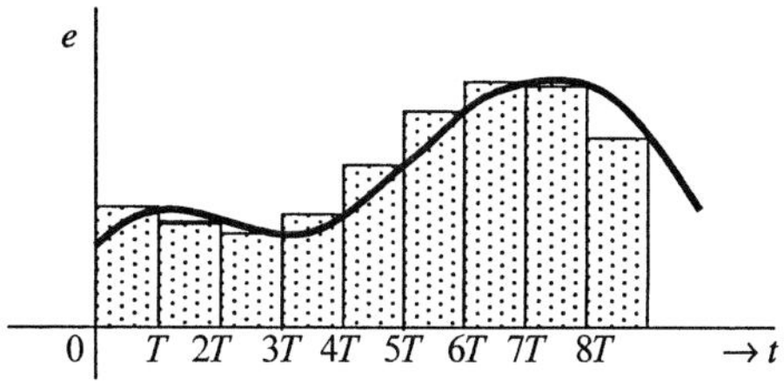


**図 4.18**　後進差分近似による波形

これは数値積分になっていることを思い起こそう（図 4.18 参照）.

双 1 次変換による近似の場合

$$C\left(\frac{2}{T}\frac{z-1}{z+1}\right)=\frac{T}{2}\cdot\frac{z+1}{z-1}$$

したがって

$$u(kT)=u[(k-1)T]+\frac{T}{2}\{e(kT)+e[(k-1)T]\}$$

これは台形積分近似にほかならない.

(3) は単に $z$ 変換すればよい.

コントローラの例として，PID 制御器を離散時間近似してみよう．この制御器の伝達関数は次式で与えられる.

$$C(s)=K_P\left(1+\frac{1}{T_I s}+T_D s\right) \tag{4.58}$$

たとえば，これに後退差分による近似をほどこすと

$$K(z)=K\left(1+\frac{T}{T_I}\frac{z}{z-1}+\frac{T_D}{T}\frac{z-1}{z}\right) \tag{4.59}$$

したがって，$e(t)$ と $u(t)$ の関係は

$$u(kT)=u[(k-1)T]+K\left[\left(1+\frac{T}{T_I}+\frac{T_D}{T}\right)e(kT)-\left(1+\frac{2T_D}{T}\right)e[(k-1)T]\right.$$
$$\left.+\frac{T_D}{T}\right)e[(k-2)T]\Bigg] \tag{4.60}$$

ディジタル PID はこのようにして実現できる.

**[例題 4.8]**

式(4.60) を導け.

[解]

式(4.59) より

$$\frac{U(z)}{E(z)}=K\left(1+\frac{T}{T_I}\frac{z}{z-1}+\frac{T_D}{T}\frac{z-1}{z}\right)$$

これを変形すると

$$(1-z^{-1})\,U(z)=K\left\{(1-z^{-1})+\frac{T}{T_I}+\frac{T_D}{T}(1-2z^{-1}+z^{-2})\right\}E(z)$$

逆 $z$ 変換すれば式(4.60) を得る．

連続時間系の設計からディジタルコントローラを導く場合，離散時間近似なので，結果が必ずしも予想通りにはならない．思ったより結果が悪いかもしれない．そこで，再設計が必要になる．一方，4.10 節あるいは次の 4.12 節のように，離散時間系として設計する場合，あらかじめサンプリング周期を決めておく必要があるので，その値が適当かどうかは，やはり設計後にシミュレーションなどで検討しなければならず，再設計が必要になる．連続と離散をうまくつなぐ方法はまだない．

## 4.12　ディジタル制御系の設計—状態空間法による極配置—

プラントを離散時間の状態方程式表現

$$\begin{cases} \boldsymbol{x}(k+1)=\boldsymbol{A}\boldsymbol{x}(k)+\boldsymbol{b}u(k) \\ y(k)=\boldsymbol{c}^{\mathrm{T}}\boldsymbol{x}(k) \end{cases} \tag{4.61}$$

で表すと，多くの場合，連続時間の状態方程式表現に基づく設計法がほとんどそのまま適用できる．

制御入力を

$$u(k)=-\boldsymbol{f}^{\mathrm{T}}\boldsymbol{x}(k) \tag{4.62}$$

とすると

$$\boldsymbol{x}(k+1)=(\boldsymbol{A}-\boldsymbol{b}\boldsymbol{f}^{\mathrm{T}})\,\boldsymbol{x}(k) \tag{4.63}$$

このフィードバック系の特性方程式は

$$\det\{z\boldsymbol{I}-(\boldsymbol{A}-\boldsymbol{b}\boldsymbol{f}^{\mathrm{T}})\}=0$$

式(4.62) は前にも述べた状態フィードバックである．

**状態フィードバックによって極（特性方程式の根）を自由に設定（任意極配置）できるための必要十分条件は，系が可制御なことである．**

**(例 4.13)**

次の離散時関係を考える．

$$\boldsymbol{x}(k+1)=\begin{bmatrix}1 & T\\0 & 1\end{bmatrix}\boldsymbol{x}(k)+\begin{bmatrix}\frac{1}{2}T^2\\T\end{bmatrix}u(k),\quad T>0$$

いま，状態フィードバックを

$$u(k)=-f_1x_1(k)-f_2x_2(k)$$

とすると，

$$\boldsymbol{A}-\boldsymbol{b}\boldsymbol{f}^{\mathrm{T}}=\begin{bmatrix}1-\frac{1}{2}f_1T^2 & T-\frac{1}{2}f_2T^2\\-f_1T & 1-f_2T\end{bmatrix}$$

特性方程式は

$$z^2+\left(\frac{1}{2}f_1T^2+f_2T-2\right)z+\left(\frac{1}{2}f_1T^2-f_2T+1\right)=0$$

所望の特性方程式を

$$z^2+p_2z+p_1=0$$

とする．系の特性方程式をこの 2 次式に一致させる，つまり，

$$\frac{1}{2}f_1T^2+f_2T-2=p_2$$

$$\frac{1}{2}f_1T^2-f_2T+1=p_1$$

とすると，この方程式は次のように解ける．

$$f_1=\frac{1}{T^2}(1+p_2+p_1)$$

$$f_2=\frac{1}{2T}(3+p_2-p_1)$$

**(例 4.14)**

次の離散時関係を考える．

$$\boldsymbol{x}(k+1)=\begin{bmatrix} a & 2 \\ 0 & 2a \end{bmatrix}\boldsymbol{x}(k)+\begin{bmatrix} 1 \\ 1 \end{bmatrix}u(k), \quad a>0$$

可制御性行列は

$$\boldsymbol{C}(\boldsymbol{A},\boldsymbol{b})=\begin{bmatrix} 1 & a+2 \\ 1 & 2a \end{bmatrix}$$

$$\det \boldsymbol{C}(\boldsymbol{A},\boldsymbol{b})=a-2$$

したがって，$a\neq 2$ なら可制御である．いま，

$$u(k)=-f_1x_1(k)-f_2x_2(k)$$

とすると，

$$\boldsymbol{A}-\boldsymbol{b}\boldsymbol{f}^{\mathrm{T}}=\begin{bmatrix} a-f_1 & 2-f_2 \\ -f_1 & 2a-f_2 \end{bmatrix}$$

特性方程式は

$$z^2+(f_1+f_2-3a)z-af_2+2(1-a)f_1+2a^2=0$$

所望の特性方程式を

$$z^2+p_2z+p_1=0$$

とする．系の特性方程式をこの 2 次式に一致させる，つまり，

$$f_1+f_2-3a=p_2$$

$$2(1-a)f_1-af_2+2a^2=p_1$$

とすると，この方程式は，$a\neq 2$ のとき，およびそのときのみ，任意の $p_1$，$p_2$ に対して解をもつ．

**アッカーマンの公式**：この公式は連続時間系と同様に証明できる．

一般の $n$ 次システムについて，所望の特性方程式を

$$z^n+p_nz^{n-1}+\cdots+p_1=0 \tag{4.64}$$

とするとき，次の公式によって，所望の $\boldsymbol{f}$ を求めることができる．

$$\boldsymbol{f}^{\mathrm{T}}=[0 \quad 0 \quad \cdots \quad 1]\,\boldsymbol{C}(\boldsymbol{A},\boldsymbol{b})^{-1}\alpha(\boldsymbol{A}) \tag{4.65}$$

ここで，

$$\alpha(\boldsymbol{A})=\boldsymbol{A}^n+p_n\boldsymbol{A}^{n-1}+\cdots+p_1\boldsymbol{I}$$

**[例題 4.9]**

例 4.13 に上記の公式を適用し，解が一致することを確かめよ．

[解]

所望の特性多項式は $\alpha(z)=z^2+p_2z+p_1$ であるので，式(4.65) より，

$$
\begin{aligned}
\boldsymbol{f}^{\mathrm{T}}&=[0\quad 1][\boldsymbol{b}\quad \boldsymbol{A}\boldsymbol{b}]^{-1}(\boldsymbol{A}^2+p_2\boldsymbol{A}+p_1\boldsymbol{I})\\
&=[0\quad 1]\begin{bmatrix}\dfrac{T^2}{2} & \dfrac{3}{2}T^2\\ T & T\end{bmatrix}^{-1}\left(\begin{bmatrix}1 & T\\ 0 & 1\end{bmatrix}^2+p_2\begin{bmatrix}1 & T\\ 0 & 1\end{bmatrix}+p_1\begin{bmatrix}1 & 0\\ 0 & 1\end{bmatrix}\right)\\
&=[0\quad 1]\left(-\frac{1}{T^2}\right)\begin{bmatrix}1 & -\dfrac{3}{2}T\\ -1 & \dfrac{T}{2}\end{bmatrix}\begin{bmatrix}1+p_2+p_1 & 2T+p_2T\\ 0 & 1+p_2+p_1\end{bmatrix}\\
&=\left(-\frac{1}{T^2}\right)\begin{bmatrix}-1 & \dfrac{T}{2}\end{bmatrix}\begin{bmatrix}1+p_2+p_1 & 2T+p_2T\\ 0 & 1+p_2+p_1\end{bmatrix}\\
&=\begin{bmatrix}\dfrac{1}{T^2}(1+p_2+p_1) & \dfrac{1}{2T}(3-p_2+p_1)\end{bmatrix}
\end{aligned}
$$

これは例 4.13 の結果と等しい．

## 4.13 状 態 推 定

連続時間系と同様に，状態推定のためのオブザーバが導入できる．

式(4.61) のシステムにおいて，出力 $y$ のみが測定可能であるとしよう（入力は当然既知である）．オブザーバは次のように与えられる．

$$\boldsymbol{q}(k+1)=\boldsymbol{A}\boldsymbol{q}(k)+\boldsymbol{b}u(k)+\boldsymbol{g}[y(k)-\boldsymbol{c}^{\mathrm{T}}\boldsymbol{q}(k)] \tag{4.66}$$

ここで，$\boldsymbol{g}$ は未定である．

いま，

$$\boldsymbol{e}(k)=\boldsymbol{x}(k)-\boldsymbol{q}(k)$$

とおくと，式(4.61) と (4.66) より

$$
\begin{aligned}
\boldsymbol{e}(k+1)&=\boldsymbol{A}\boldsymbol{e}(k)-\boldsymbol{g}\boldsymbol{c}^{\mathrm{T}}\boldsymbol{e}(k)\\
&=(\boldsymbol{A}-\boldsymbol{g}\boldsymbol{c}^{\mathrm{T}})\,\boldsymbol{e}(k)
\end{aligned} \tag{4.67}
$$

もし，このシステムが安定なら，すなわち，$\boldsymbol{A}-\boldsymbol{g}\boldsymbol{c}^{\mathrm{T}}$ の固有値が，単位円内

(図 4.7) にあれば，$\boldsymbol{e}(k)$ は $k\to\infty$ で 0 に収束する．つまり，$\boldsymbol{q}(k)$ は状態ベクトル $\boldsymbol{x}(k)$ に収束する．

式(4.63) と (4.67) の類似性に着目すると，次のことがいえる．

**$\boldsymbol{g}$ を適当に選ぶことによって，$\boldsymbol{A}-\boldsymbol{g}\boldsymbol{c}^{\mathrm{T}}$ の固有値を自由に設定できるための必要十分条件は，系が可観測なことである．**

**(例 4.15)**

$$\boldsymbol{A}=\begin{bmatrix}0 & T\\ 0 & 1\end{bmatrix},\quad \boldsymbol{c}^{\mathrm{T}}=[1\quad 0]$$

とする．

$$\boldsymbol{A}=\boldsymbol{g}\boldsymbol{c}^{\mathrm{T}}=\begin{bmatrix}1-g_1 & T\\ -g_2 & 1\end{bmatrix}$$

特性方程式は

$$z^2-(2-g_1)z+1-g_1+g_2T=0$$

所望の特性方程式を

$$z^2+p_2z+p_1=0$$

とすると，

$$\begin{cases}2-g_1=p_2\\ 1-g_1+g_2T=p_1\end{cases}$$

これを解くと

$$\begin{cases}g_1=2+p_2\\ g_2=\dfrac{1}{T}(1+p_2+p_1)\end{cases}$$

**[例題 4.10]**

アッカーマンの公式を使って，例 4.15 の $\boldsymbol{g}$ を求めよ．

[解]

双対性の原理を使う．$\tilde{\boldsymbol{A}}=\boldsymbol{A}^{\mathrm{T}}=\begin{bmatrix}0 & T\\ 0 & 1\end{bmatrix}^{\mathrm{T}}=\begin{bmatrix}0 & 0\\ T & 1\end{bmatrix}$，$\tilde{\boldsymbol{b}}=\boldsymbol{c}=\begin{bmatrix}1\\ 0\end{bmatrix}$ とおき，アッカーマンの公式(4.65) により $\tilde{\boldsymbol{f}}$ を求め，$\boldsymbol{g}=\tilde{\boldsymbol{f}}$ とする．すなわち，式

(4.65) より，

$$\boldsymbol{g}^{\mathrm{T}}=\tilde{\boldsymbol{f}}^{\mathrm{T}}=[0 \quad 1][\tilde{\boldsymbol{b}} \quad \tilde{\boldsymbol{A}}\tilde{\boldsymbol{b}}]^{-1}(\tilde{\boldsymbol{A}}^2+p_2\tilde{\boldsymbol{A}}+p_1\boldsymbol{I})$$

$$=[0 \quad 1]\begin{bmatrix}1 & 0\\ 0 & T\end{bmatrix}^{-1}\left\{\begin{bmatrix}1 & 0\\ T & 1\end{bmatrix}^2+p_2\begin{bmatrix}1 & 0\\ T & 1\end{bmatrix}+p_1\begin{bmatrix}1 & 0\\ 0 & 1\end{bmatrix}\right\}$$

$$=[0 \quad 1]\begin{bmatrix}1 & 0\\ 0 & T^{-1}\end{bmatrix}\begin{bmatrix}1+p_2+p_1 & 0\\ 2T+p_2T & 1+p_2+p_1\end{bmatrix}$$

$$=[0 \quad T^{-1}]\begin{bmatrix}1+p_2+p_1 & 0\\ 2T+p_2T & 1+p_2+p_1\end{bmatrix}=[2+p_2 \quad T^{-1}(1+p_2+p_1)]$$

これは例 4.15 の結果と等しい．

式(4.62) の状態フィードバックとオブザーバとの全体システムに関する議論も連続系の場合と同様である．

一方，連続時間系の場合と同様に，サーボ系は，式(4.62) の状態フィードバックに次のように入力項を付加することによって実現できる．

$$u(k)=-\boldsymbol{f}^{\mathrm{T}}\boldsymbol{x}(k)+hr(k), \quad h: \text{スカラ}$$

## 演 習 問 題

**4.1** 図 C に示すサンプル値制御系において，$G(s)$ を

(1) $\dfrac{K}{s}e^{-Ts}$

(2) $\dfrac{K}{s+1}$

(3) $\dfrac{K}{s+2}$

とする．それぞれの場合についての安定性を論ぜよ．ただし，サンプリング周期を $T=1$ とする．また，必要ならば $e^{-1}\cong 0.37$，$e^{-2}\cong 0.135$ と近似せよ．

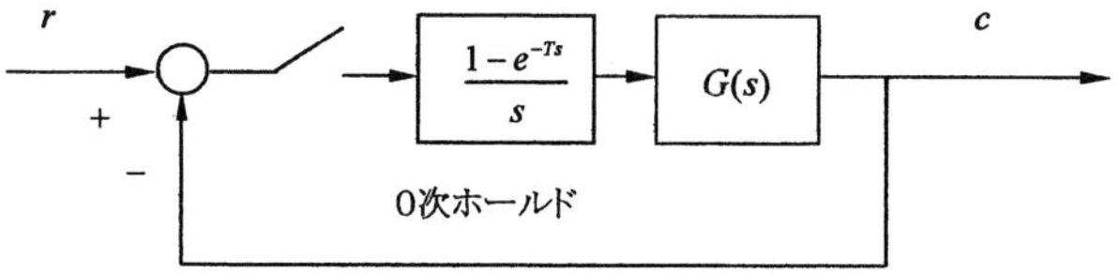


図 C

**4.2** 図Dのディジタル制御系（サンプリング周期を $T$ とする）の閉ループパルス伝達関数 $W^*(z)$ を $W^*(z)=z^{-2}$ となるようにしたい．$K(z)$ をどのように選べばよいか．また，単位ステップ入力に対する応答波形を描け．

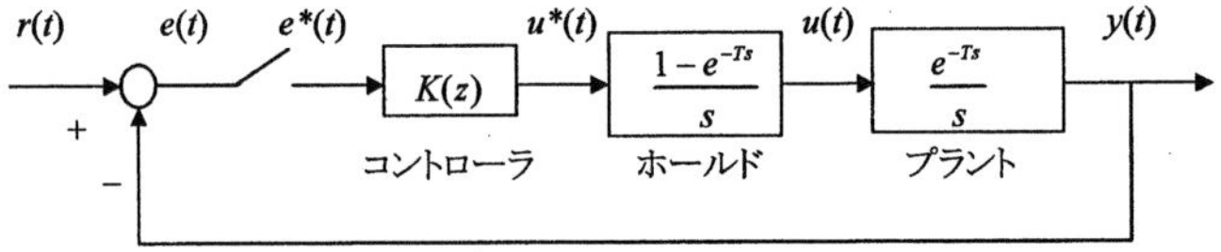


図D

**4.3** 図Eのディジタル制御系（サンプリング周期を $T$ とする）について下記の問いに答えよ．

(1) この系の開ループパルス伝達関数を求めよ．

(2) $K(z)$ をうまく選んで，閉ループパルス伝達関数 $W^*(z)$ を $W^*(z)=z^{-l}$ となる

ようにしたい．ただし，$l$ は自然数である．そのための $K(z)$ を求め，$K(z)$ が実現可能であるための $l$ の満たすべき条件を示せ．また，単位ステップ入力に対する応答波形を描け（サンプリング時点における値のプロットでよい）．

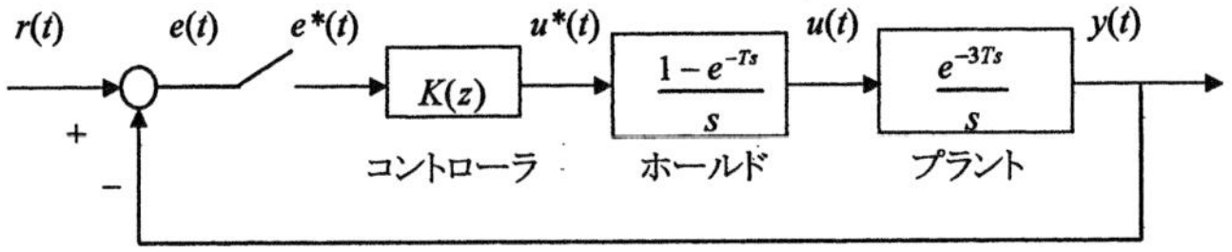


図E

**4.4** 図F (a) の連続系と (b) のサンプル値制御系の安定性の違いについて論ぜよ．ただし，サンプリング周期 $T=1$ とする．また，必要ならば $e^{-1}\cong 0.37$ と近似せよ．

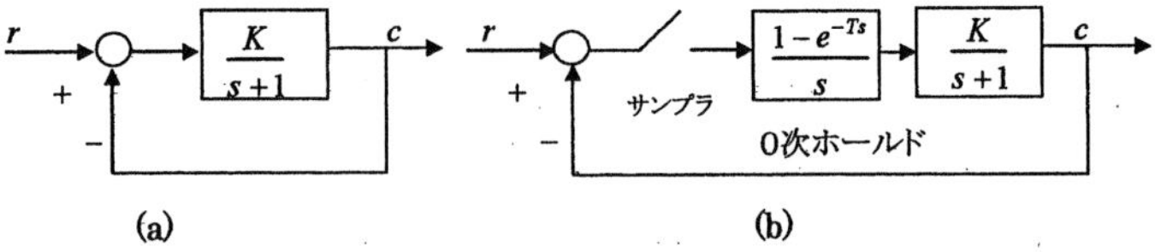


図F

**4.5** 図Gのサンプル値制御系は，サンプリング周期 $T$ が $T<1$ の範囲で安定であり，1以上では不安定であるという．そのような条件を満たすゲイン $K$ の値を求めよ．必要ならば $e^{-1}\cong 0.37$ と近似せよ．

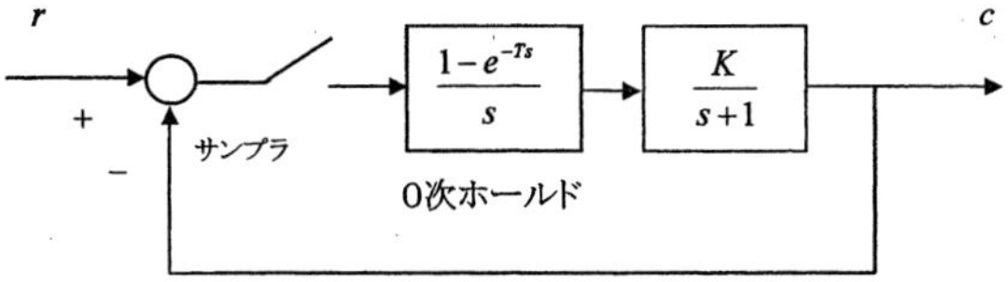


図 G

**4.6** 状態方程式が

$$\boldsymbol{x}(k+1)=\begin{bmatrix}1 & a\\0 & 2\end{bmatrix}\boldsymbol{x}(k)+\begin{bmatrix}1\\1\end{bmatrix}u(k),\quad \boldsymbol{x}=\begin{bmatrix}x_1\\x_2\end{bmatrix}$$

で表される離散時間システムに対し，状態フィードバック

$$u(k)=-f_1x_1(k)-f_2x_2(k)$$

をほどこして，系の特性方程式の根をすべて0となるようにしたい．

(1) この系の可制御性を調べよ（$a$ との関連で）．

(2) 特性方程式の根がすべて0となるように $f_1$，$f_2$ を定めよ．また，そのような $f_1$，$f_2$ が求まるためのパラメータ $a$ に関する条件が (1) の条件と一致することを示せ．

# 5 非線形システム

古典制御工学では，制御対象として主に線形定常システムを扱っているが，われわれが制御あるいは解析すべきシステムはこの種類に限らない．本章では，リレーや飽和要素などを含む簡単な非線形系のフィードバック系としてのふるまいを調べる方法を学ぶ．

## 5.1 非 線 形 系

線形系とは重ねの理（superposition theorem）が成り立つシステムのことをいい，そうでないものはすべて非線形系（nonlinear system）とされる．重ねの理とは，あるシステムへ $x_1(t)$ を入力したときの出力が $y_1(t)$ であり，$x_2(t)$ を入力したときの出力が $y_2(t)$ であるとしたとき，スカラー $a$，$b$ に対して $ax_1(t)+bx_2(t)$ を入力とした場合の出力が $ay_1(t)+by_2(t)$ になることをいう．

簡単な非線形フィードバック系として，図5.1のような例がある．図中の右のブロックは線形系（linear system，この場合は摩擦のない慣性要素）であるが，左のブロックは非線形要素（2位置リレー）である．これは，偏差 $e(t)=r(t)-c(t)$ が正のときに操作量 $u(t)=E$（定数）を，負のときに $u(t)=-E$ を出力するものである．後述するように，このフィードバック系の

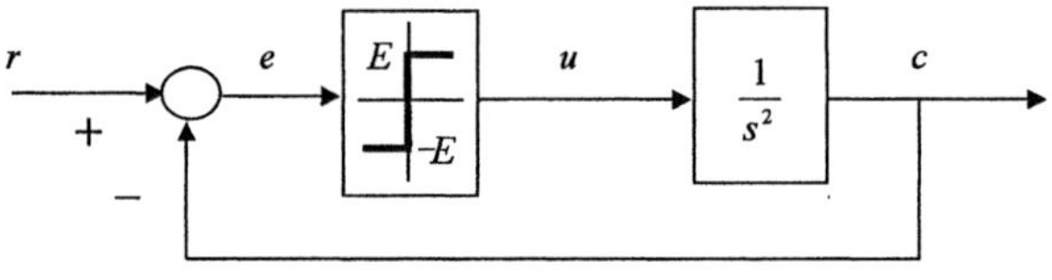


図 5.1　オンオフサーボ

出力 $c(t)$ は目標値 $r$ の周りで振動的な応答（リミットサイクル；limit cycle）をすることがわかっている．

図 5.1 の例のように，非線形系には次のような特有の現象がある．

(1) 非線形系では重ねの理が成り立たない．

(2) 入力信号によって動作パターンが変わる．

(3) リミットサイクルが存在する場合がある．

(4) ジャンプ現象が起こる場合がある．

(5) カオス現象が起こる場合がある．

上記 (1) は定義から明らかである．(2) は，たとえば後述する飽和要素（saturation element）の場合がそうであり，入力の振幅が大きい場合と小さい場合とで応答特性が異なるような性質である．(3) は図 5.1 の例に相当し，後述するように，その周波数や振幅が近似的に求められる場合がある．(4) は，ある特定の振幅の正弦波を系への入力とし，その周波数を変化させていくと，系の出力における入力と同じ周波数の基本波の振幅が不連続に変化する現象である．(5) は確定的なシステムにもかかわらず長期的な予測が困難な応答が出現することである．

ここでは，非線形系に対して，調和線形化法としての記述関数法（describing function method），状態空間解析法としての位相面解析法（phase plane method）という 2 つの解析手法を学ぶことにする．

## 5.2 記 述 関 数 法

図 5.2 のような非線形要素 $N$ を考える．

入力 $x(t)$ を，振幅が $X$ で角周波数が $\omega$ である正弦波

$$x(t) = X\sin(\omega t)$$

とする．出力 $y(t)$ のフーリエ（Fourier）級数展開は

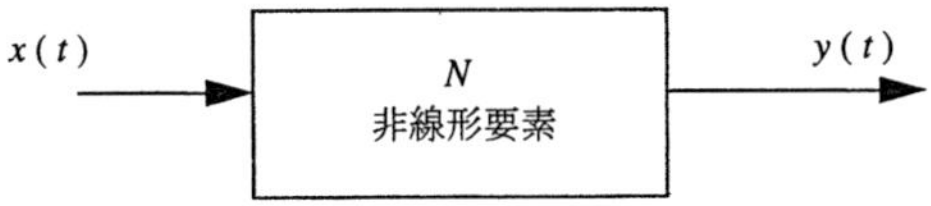


**図 5.2** 非線形要素

$$y(t)=\frac{Y_0}{2}+Y_1\sin(\omega t+\varphi_1)+Y_2\sin(2\omega t+\varphi_2)+\cdots \tag{5.1}$$

である．この基本波成分だけを取り出し，その入出力振幅比 $\frac{Y_1}{X}$ と位相差 $\varphi_1$ を複素表示したものを，記述関数

$$N(X,\omega)=\frac{Y_1}{X}e^{j\varphi_1} \tag{5.2}$$

として定義する．

非線形要素の入出力関係が

$$y(t)=F\left(x,\frac{dx}{dt}\right)$$

で与えられるとき，

ゼロメモリー型：$y(t)=F(x)$　　（例：飽和，不感帯）

メモリー型：$y(t)=F\left(x,\frac{dx}{dt}\right)$　　（例：バックラッシュ；backlash）

のように分類される．

式(5.1) のフーリエ級数展開は，$x(t)=X\sin\omega t$，$\frac{d}{dt}x(t)=X\omega\cos\omega t$ であるから，

$$\begin{aligned}y(t)=&\frac{1}{2\pi}\int_0^{2\pi}F(X\sin u,X\omega\cos u)\,du\\&+\left[\frac{1}{\pi}\int_0^{2\pi}F(X\sin u,X\omega\cos u)\sin u\,du\right]\sin\omega t\\&+\left[\frac{1}{\pi}\int_0^{2\pi}F(X\sin u,X\omega\cos u)\cos u\,du\right]\cos\omega t\\&+[\text{高次高調波成分}]\end{aligned} \tag{5.3}$$

である．非線形性が対称なとき，上式の右辺第1項は0である．

$$\begin{cases}a(X,\omega)=\dfrac{1}{\pi X}\displaystyle\int_0^{2\pi}F(X\sin u,X\omega\cos u)\sin u\,du\\ b(X,\omega)=\dfrac{1}{\pi X}\displaystyle\int_0^{2\pi}F(X\sin u,X\omega\cos u)\cos u\,du\end{cases} \tag{5.4}$$

とおくと，式(5.1) の $Y_1$，$\varphi_1$ は

$$Y_1=\sqrt{a^2+b^2}\,X$$

$$\varphi_1=\tan^{-1}\frac{b}{a}$$

である．すなわち

$$N(X,\omega)=a(X,\omega)+jb(X,\omega) \tag{5.5}$$

である．ゼロメモリー型 $y(t)=F(x)$ では普通一価関数なので，$b=0$，すなわち $\varphi_1=0$ である．したがって，このとき $N$ は振幅 $X$ のみの実数値関数となる．

**（例 5.1）** 2位置リレー（図 5.3）

ゼロメモリー型であるので $\varphi_1=0$ である．式(5.4) より，

$$N=\frac{1}{\pi X}\int_0^{2\pi} y\sin u du$$
$$=\frac{4}{\pi X}\int_0^{\pi/2} E\sin u du=\frac{4E}{\pi X}$$

**（例 5.2）** 飽和要素（図 5.4）

ゼロメモリー型であるので $\varphi_1=0$ である．式(5.4) より，

$$N=\begin{cases} k & \left(\dfrac{S}{X}\geqq 1\right) \\ \dfrac{2k}{\pi}\left[\sin^{-1}\dfrac{S}{X}+\dfrac{S}{X}\sqrt{1-\left(\dfrac{S}{X}\right)^2}\right] & \left(\dfrac{S}{X}<1\right) \end{cases}$$

$k=1$ のときの $N\left(\dfrac{X}{S}\right)$ を図示すると図 5.5 のようになる．これは，入力の

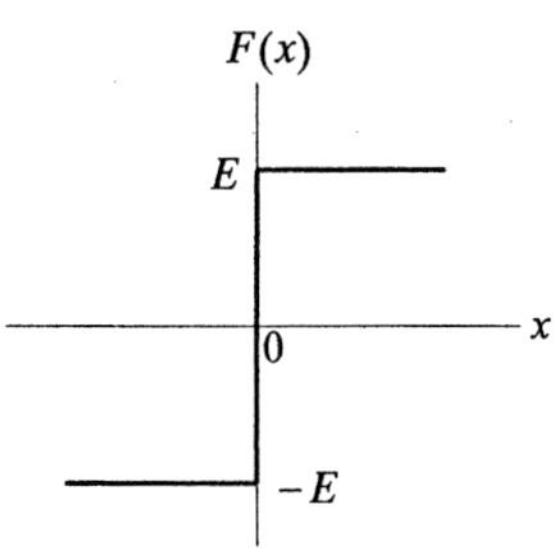


**図 5.3** 2位置リレー

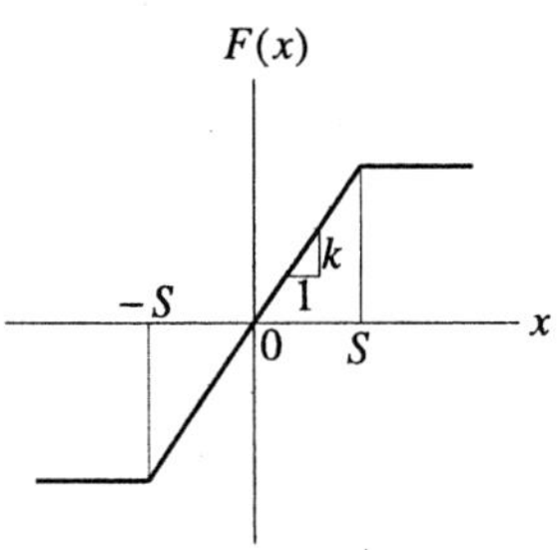


**図 5.4** 飽和要素

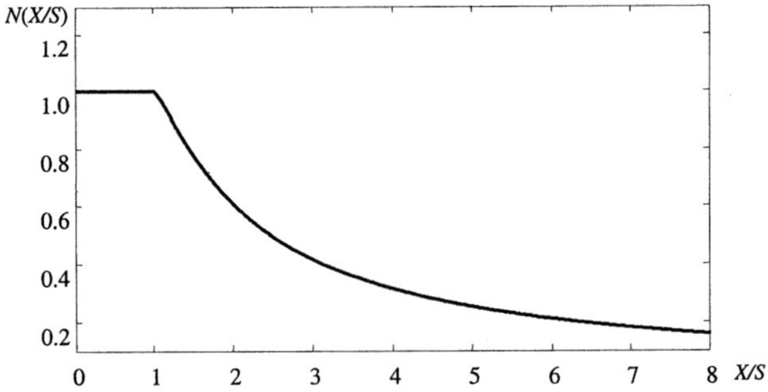


**図 5.5**　飽和要素の $N\left(\dfrac{X}{S}\right)$

振幅 $X$ が小さい（$X \leqq S$）ときゲインは一定であるが，$X$ が飽和値 $S$ を超える（$X > S$）と相対的なゲインが小さくなっていくことを意味する．

**［例題 5.1］**

例 5.2 で示された飽和要素の記述関数を求めよ．

［解］

$x(t) = X\sin\omega t$ を図 5.4 の飽和要素に入力すると，その出力 $y(t)$ は，$X \leqq S$ のとき

$$y(t) = kX\sin\omega t$$

であるので，式(5.4) において，$u = \omega t$ とおき，

$$a(X,\omega) = \frac{1}{\pi X}\int_0^{2\pi} y\sin u du = \frac{4}{\pi X}\int_0^{\pi/2} y\sin u du$$

$$= \frac{4}{\pi X}\int_0^{\pi/2} kX\sin^2 u du = k$$

である．$X > S$ のときは，

$$y(t) = \begin{cases} kX\sin\omega t & \left(|x(t)| < S\ ;\ 0 \leqq \omega t < \sin^{-1}\left(\dfrac{S}{X}\right)\right) \\ kS & \left(|x(t)| \geqq S\ ;\ \sin^{-1}\left(\dfrac{S}{X}\right) \leqq \omega t < \dfrac{\pi}{2}\right) \end{cases}$$

であるので，

$$a(X,\omega) = \frac{4}{\pi X}\int_0^{\pi/2} y\sin u du$$

$$=\frac{4}{\pi X}\left\{\int_0^{\sin^{-1}(S/X)} kX\sin^2 u du+\int_{\sin^{-1}(S/X)}^{\pi/2} kS\sin u du\right\}$$

$$=\frac{4k}{\pi X}\left\{X\int_0^{\sin^{-1}(S/X)} \frac{1-\cos 2u}{2}du+S\int_{\sin^{-1}(S/X)}^{\pi/2} \sin u du\right\}$$

$$=\frac{4k}{\pi X}\left\{\frac{X}{2}[u-\sin u\cos u]_0^{\sin^{-1}(S/X)}-S[\cos u]_{\sin^{-1}(S/X)}^{\pi/2}\right\}$$

$$=\frac{4k}{\pi}\left\{\frac{1}{2}\left[\sin^{-1}\left(\frac{S}{X}\right)-\frac{S}{X}\sqrt{1-\left(\frac{S}{X}\right)^2}\right]+\frac{S}{X}\sqrt{1-\left(\frac{S}{X}\right)^2}\right\}$$

$$=\frac{2k}{\pi}\left\{\sin^{-1}\left(\frac{S}{X}\right)+\frac{S}{X}\sqrt{1-\left(\frac{S}{X}\right)^2}\right\}$$

**(例 5.3)** 不感帯 (dead zone) 要素 (図 5.6)

ゼロメモリー型であるので $\varphi_1=0$ である．式(5.4) より，

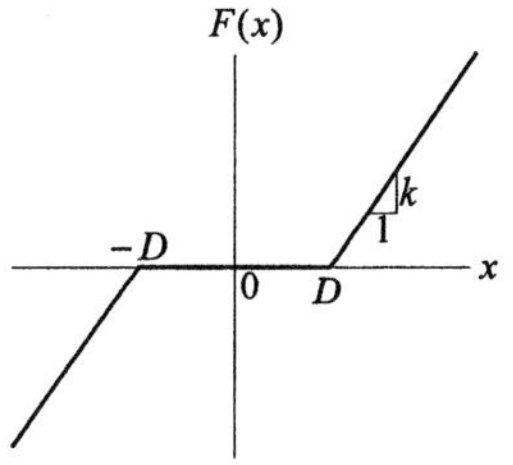


**図 5.6** 不感帯要素

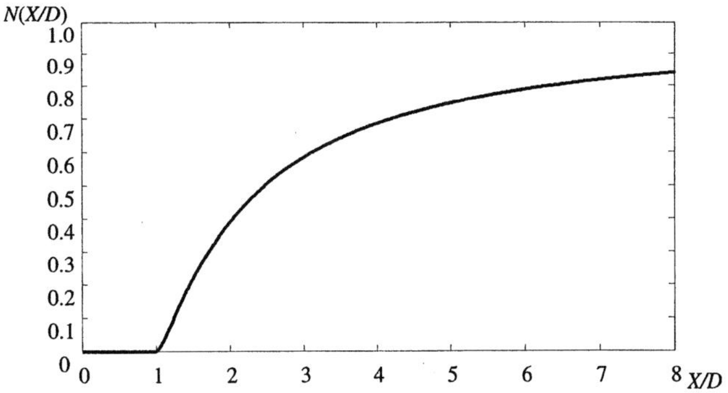


**図 5.7** 不感帯要素の $N\left(\frac{X}{D}\right)$

$$N=\begin{cases}0 & \left(\dfrac{D}{X}\geqq 1\right)\\ k\left[1-\dfrac{2}{\pi}\left\{\sin^{-1}\dfrac{D}{X}+\dfrac{D}{X}\sqrt{1-\left(\dfrac{D}{X}\right)^2}\right\}\right] & \left(\dfrac{D}{X}<1\right)\end{cases}$$

$k=1$ のときの $N\left(\dfrac{X}{D}\right)$ を図示すると図5.7のようになる．これは，図5.5の飽和要素とは逆に，入力の振幅 $X$ が小さい（$X\leqq D$）ときゲインは0（出力がない）であるが，$X$ が不感帯 $D$ を超える（$X>D$）と $X$ の増加とともにゲインが増加することを意味する．

## 5.3　記述関数によるリミットサイクルの解析

図5.8のような，記述関数が $N(X)$ である非線形要素と伝達関数が $G(s)$ である線形系からなる直結フィードバック系を考える．ここで，目標値は $r=0$ とする．

いま，非線形要素 $N(X)$ への入力が正弦波

$$e(t)=X\sin\omega t$$

のとき，出力 $c$ が $e$ と逆相の正弦波信号 $-X\sin\omega t$ となるものとすれば，この系には $e(t)=X\sin\omega t$ の周期振動が持続することになる．つまり

$$N(X)\,G(j\omega)=-1,\quad \text{あるいは,}\quad G(j\omega)=-\frac{1}{N(X)} \tag{5.6}$$

が成り立つとき，リミットサイクルが発生する（ここでは，$N$ は振幅のみの関数とする）．非線形要素の記述関数を伝達関数とみれば，式(5.6) は，閉ループ伝達関数

$$\frac{C}{R}=\frac{N(X)\,G(j\omega)}{1+N(X)\,G(j\omega)} \tag{5.7}$$

の特性方程式とみなすことができ，ナイキスト（Nyquist）の安定判別法を適

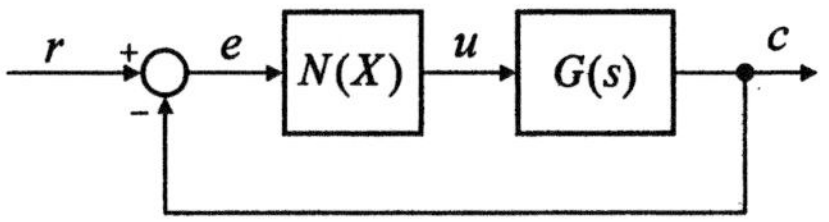


図5.8　非線形制御系

用してリミットサイクルの存在が推定できる．

いま，複素平面上において，$G(j\omega)$ のベクトル軌跡（vector locus）と $-\dfrac{1}{N(X)}$ の関係が図5.9のようになっているものとする．式(5.6) を満たす点は $P_1$，$P_2$，$P_3$ の3つであり，これらがリミットサイクルとなる候補である．ナイキストの安定判別法と同様な考え方で，$0<\omega<\omega_1$ の領域および $\omega_2<\omega<\omega_3$ の領域における $G(j\omega)$ は $\omega$ の増大とともに $-\dfrac{1}{N(X)}$ を左にみているので，$P_1$ と $P_3$ は安定なリミットサイクルとなる．しかし，$\omega_1<\omega<\omega_2$ の領域における $G(j\omega)$ は $-\dfrac{1}{N(X)}$ を右にみているので，$P_2$ は不安定なリミットサイクルとなり，実際には存在しない．

一例を考えてみよう．図5.8において

$$G(s)=\frac{1}{s(s+1)^2}$$

とし，非線形要素を2位置リレー $N(X)=\dfrac{4E}{\pi X}$ とする．このとき，$X=0\sim\infty$ に対して

$$-\frac{1}{N(X)}=-\frac{\pi X}{4E}$$

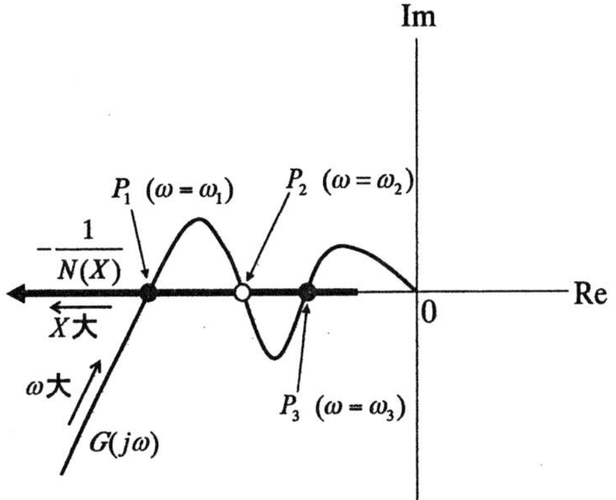


**図5.9**　ナイキスト線図によるリミットサイクルの安定判別
$P_1$,$P_3$：安定なリミットサイクル，$P_2$：不安定なリミットサイクル．

は負の実軸上にある．したがって，$G(j\omega)$ が負の実軸と交わればリミットサイクルが存在することになる．

$$\mathrm{Im}[G(j\omega)]=\mathrm{Im}\left[\frac{1}{j\omega(j\omega+1)^2}\right]=0$$

を満たす $\omega$ を計算してみると，振動の周波数は $\omega=1$ rad/s，すなわち 0.159 Hz である．式(5.6) に $\omega=1$ を代入すると

$$G(j)=-\frac{1}{2}=-\frac{\pi X}{4E}$$

であるから，リミットサイクルの振幅として

$$X=\frac{4E}{2\pi}=0.638E \tag{5.8}$$

を得る．実際にこの系をシミュレーションすると，次の実験データ

$$f=0.163\mathrm{Hz}$$

$$X=0.680E$$

が得られ，記述関数による推定がかなりよい近似を与えていることがわかる．

少し変わった例を取り上げてみる．図 5.1 を考える．簡単のため $E=1$ とする．

$$G(j\omega)=\frac{1}{(j\omega)^2}=-\frac{1}{\omega^2}$$

は負の実軸上にあるので，これは

$$-\frac{1}{N(X)}=-\frac{\pi X}{4E}$$

といたるところで交わっていると考えられよう．すなわち振動の周波数と振幅の間に次の関係が成り立つ．

$$\omega^2=\frac{4}{\pi X} \tag{5.9}$$

したがって周期 $T=\dfrac{2\pi}{\omega}$ と振幅 $X$ の間に次の関係がある．

$$T=\sqrt{\pi^3 X} \tag{5.10}$$

この関係がどの程度正しいか．次の節で再度取り上げる．

記述関数法はあくまでも近似なので，以上のリミットサイクルの解析法には制限がある．記述関数法でリミットサイクルの存在が示唆されても，実際には

存在しないようなケースがあるので注意を要する．

**(例 5.4)**

図 5.8 において，非線形要素を図 5.10 のリレー（ヒステリシスをもつリレー）とし，$G(s)$ を

$$G(s)=\frac{K}{s(s+1)}$$

とする．

このリレーはメモリー型であるため，記述関数は複素数となり

$$N(X)=\begin{cases} 0 & \left(\dfrac{a}{X}>1\right) \\ \dfrac{4}{\pi X}\left[\sqrt{1-\dfrac{a^2}{X^2}}-j\dfrac{a}{X}\right] & \left(\dfrac{a}{X}\leqq 1\right) \end{cases}$$

である．このとき，$X\geqq a$ ならば

$$-\frac{1}{N(X)}=-\frac{\pi}{4}(\sqrt{X^2-a^2}+ja)$$

である．図 5.11 のナイキスト線図のように，

$$G(j\omega)=\frac{K}{j\omega(j\omega+1)}$$

と

$$-\frac{1}{N(X)}$$

の交点は

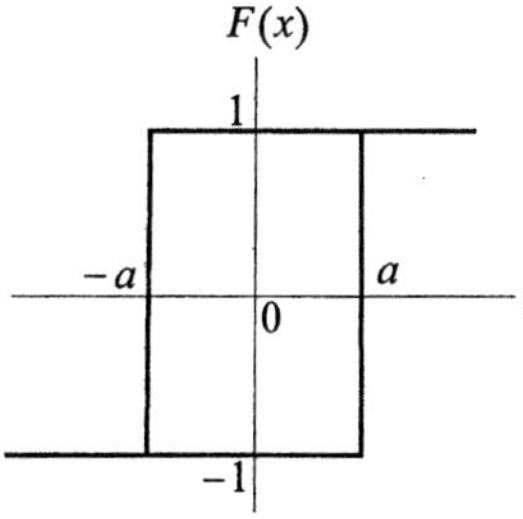


**図 5.10** ヒステリシスをもつリレー

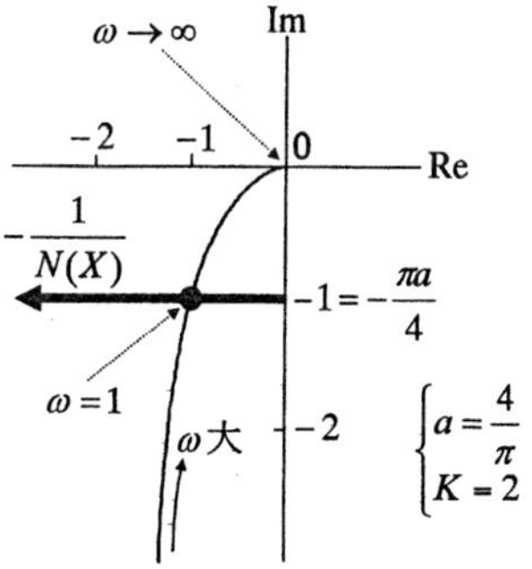


**図 5.11** リミットサイクルの安定判別①

$$\begin{cases} \dfrac{K}{1+\omega^2}=\dfrac{\pi}{4}\sqrt{X^2-a^2} & \text{(実部)} \\ \dfrac{K}{\omega(1+\omega^2)}=\dfrac{\pi a}{4} & \text{(虚部)} \end{cases}$$

を満たす．2番目の式から $\omega$ が求まり，それを1番目の式に代入して $X$ が求まる．図5.11は $a=\dfrac{4}{\pi}$，$K=2$ のときの例を示したものである．この場合 $\omega=1$，$X=\dfrac{4\sqrt{2}}{\pi}$ である．

**[例題 5.2]**

図5.8の系において，非線形要素 $N(X)$ を例5.2の飽和要素（ただし $k=1$）とし，$G(s)$ を

$$G(s)=\frac{K}{s(s^2+as+b)}$$

とする．ただし，$K,a,b>0$ とする．このとき，記述関数法を用いて，安定なリミットサイクルが存在するためのゲイン $K$ の範囲を示せ．

［解］

$k=1$ のとき飽和要素の $N\left(\dfrac{X}{S}\right)$ は図5.5のようになる．この図の逆数を考えると，図5.12の太線のように，$-\dfrac{1}{N(X)}$ は $X=0$ のとき点P$(-1,0)$ から出発し，$X$ の増大とともに実軸上を左方へ移動する．一方 $G(j\omega)$ は，たとえ

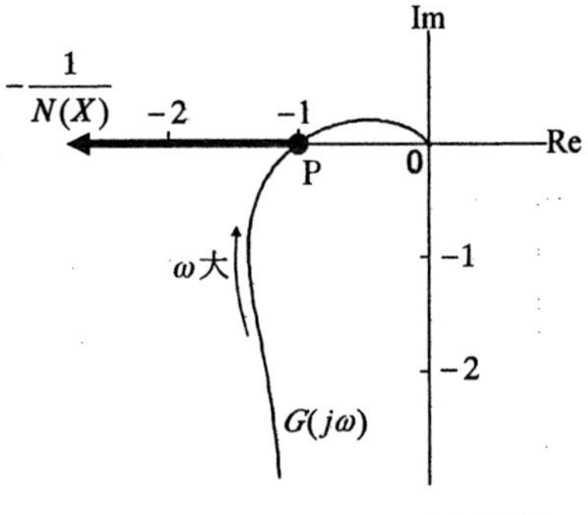


**図 5.12**　リミットサイクルの安定判別②

ば同図の曲線のようになる．一般に，$G(j\omega)$ のゲイン $K$ が大きければ $G(j\omega)$ は点Pの外側を回るため $-\dfrac{1}{N(X)}$ と交差し，小さければ内側を行くため交差しない．したがって，この場合，安定なリミットサイクルが存在するための条件は，ナイキストの安定判別法において $\dfrac{G(s)}{1+G(s)}$ が不安定である条件と（たまたま）一致する．特性方程式は

$$1+G(s)=1+\frac{K}{s(s^2+as+b)}=0$$

であるから

$$s^3+as^2+bs+K=0$$

である．これが不安定であるための条件は，$K, a, b>0$ であるのでラウス・フルビッツの安定判別法により，

$$\det\begin{bmatrix} a & K \\ 1 & b \end{bmatrix} \leqq 0, \quad \text{すなわち，} \quad K \geqq ab$$

である．

## 5.4 位相面解析

次の2次のシステムを考える．

$$\begin{cases} \dfrac{dx_1}{dt}=f_1(x_1, x_2, u, t) \\ \dfrac{dx_2}{dt}=f_2(x_1, x_2, u, t) \end{cases} \tag{5.11}$$

上の解は図5.13の位相面上に軌跡を描く．それを位相面軌道という．

**（例5.5）**

$\omega_n$ [rad/s] の周波数で単振動する系の微分方程式

$$\ddot{y}+\omega_n{}^2 y=0$$

の解は

$$y(t)=K\sin(\omega_n t+\varphi)$$

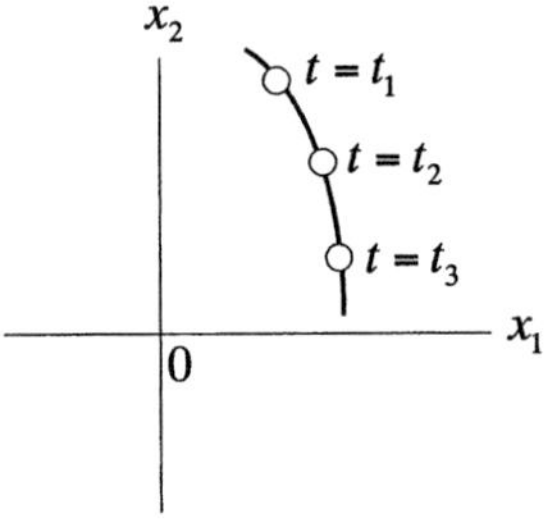


**図 5.13**　位相面軌道

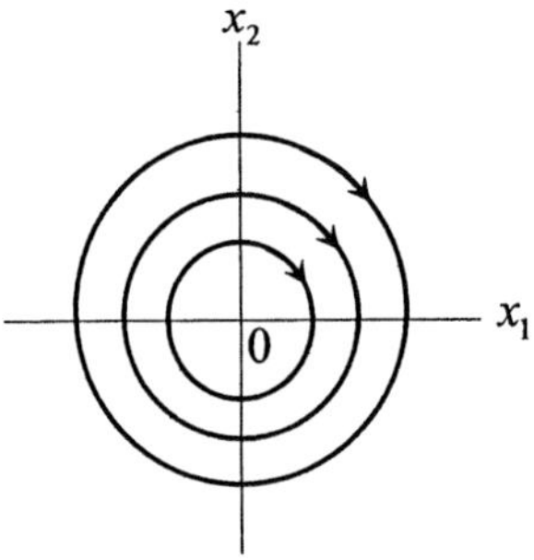


**図 5.14**　単振動の位相面軌道

$$\dot{y}(t)=\omega_n K\cos(\omega_n t+\varphi)$$

である．いま，$x_1=y$，$x_2=\dfrac{\dot{y}}{\omega_n}$ とおいて位相面軌道を描くと図 5.14 のような時計回りの同心円が得られる．どの同心円になるかは，初期値 $x_1(0)$，$x_2(0)$ によって決まる．

**（例 5.6）**

図 5.15 のようなクーロン摩擦のある振動系の微分方程式は

$$m\ddot{y}+ky\pm f_0=0$$

である．最後の項の符号は，$\dot{y}>0$ のとき＋，$\dot{y}<0$ のとき－とする．速度に比例する摩擦は粘性摩擦というが，速度を減じるような向きに一定の大きさの摩擦力が生じるような摩擦をクーロン摩擦（Coulomb's friction）と呼ぶ．

いま，

$$\omega_n{}^2=\frac{k}{m},\quad a=\frac{f_0}{m\omega_n}$$

とおくと，

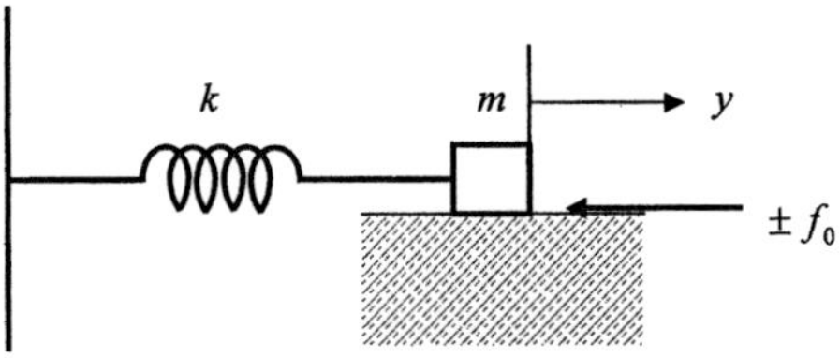


**図 5.15**　クーロン摩擦のある振動系

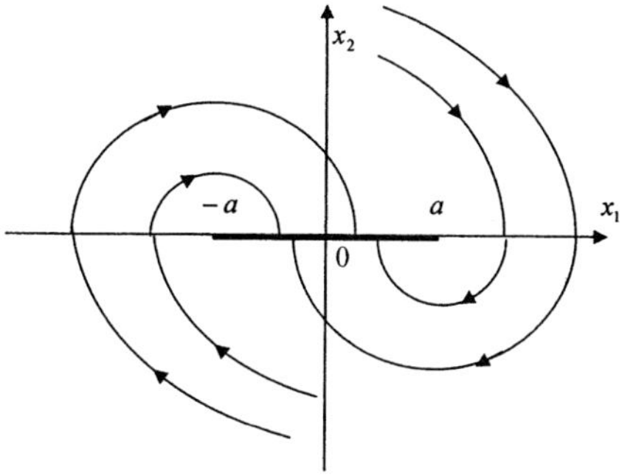


**図 5.16** クーロン摩擦のある系の位相面軌道

$$\ddot{y}+\omega_n{}^2(y\pm a)=0$$

となる．$\dot{y}>0$ のとき $y+a$ を新しい変数と考え，$\dot{y}<0$ のとき $y-a$ を新しい変数と考えれば，例5.5と同じ軌跡となる．$x_1=y$，$x_2=\dfrac{\dot{y}}{\omega_n}$ の位相面軌道を描くと，図5.16のように，上半分では $x_1-a$ を中心とする同心円に，下半分では $x_1+a$ を中心とする同心円となる．

位相面軌道を描いてリミットサイクルの存在を知ることができる．たとえば，いま，図5.1のシステムにおいて，$r$ は一定であるとし，$x_1=c$，$x_2=\dot{c}$ とすると

$$\begin{cases}\dot{x}_1=x_2\\[2ex]\dot{x}_2=\dfrac{r-x_1}{|r-x_1|}E\end{cases}\tag{5.12}$$

である．ここで，$\dfrac{r-x_1}{|r-x_1|}$ は $r-x_1$ の符号部分をとる演算である．$r$ が一定であるので

$$\frac{dx_2}{dx_1}=\frac{\dot{x}_2}{\dot{x}_1}=\frac{r-x_1}{|r-x_1|}\cdot\frac{E}{x_2}\tag{5.13}$$

である．分母を払って積分すると，

$$\int_{x_2(0)}^{x_2}x_2dx_2=\frac{r-x_1}{|r-x_1|}E\int_{x_1(0)}^{x_1}dx_1\tag{5.14}$$

したがって

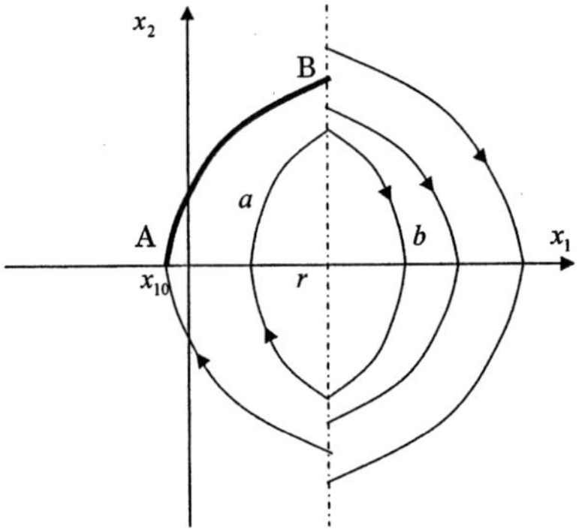


**図 5.17**　オン・オフサーボ系の位相面軌道

$$\frac{1}{2}[x_2^2 - x_2^2(0)] = \frac{r-x_1}{|r-x_1|}E[x_1 - x_1(0)] \tag{5.15}$$

である．このことから，初期条件が異なるいくつかの軌跡は図 5.17 のようになり，図中の $a$，$b$ に対応する式は

$$\begin{cases} a : x_2^2 = 2Ex_1 + c & (x_1 < r) \\ b : x_2^2 = -2Ex_1 + c & (x_1 > r) \end{cases} \tag{5.16}$$

となり，$a \to b \to a \to b \to \cdots$ というリミットサイクルができる．

図 5.17 における A 点（$t=t_A$）から B 点（$t=t_B$）までの経過時間 $T'=t_B-t_A$ を求めよう．$E=1$ とし，$x_1$ の最大振幅を

$$X = r - x_{10} \tag{5.17}$$

とおく．式(5.12) の第 1 式より

$$x_2 = \frac{dx_1}{dt}$$

であるから，積分して

$$\int_{t_A}^{t_B} dt = t_B - t_A = \int_{x_{10}}^{r} \frac{dx_1}{x_2} \tag{5.18}$$

となる．式(5.12) の第 2 式を式(5.18) に代入して

$$T' = \int_{x_{10}}^{r} \frac{dx_1}{\sqrt{2(x_1 - x_{10})}} = \sqrt{2(r - x_{10})} = \sqrt{2X} \tag{5.19}$$

である．周期 $T$ はこの値の 4 倍であるので

$$T = 4T' = \sqrt{32X} \tag{5.20}$$

である．これを前節式(5.10)の記述関数による結果 $T=\sqrt{\pi^3 X}\cong\sqrt{31X}$ と比較してみると，両者は非常に近い！　これは偶然であろうか．

**(例 5.7)**

図 5.18 のリレー制御系において，入力 $r$ はステップであるとする．偏差 $e$ に関する微分方程式は

$$\frac{d^2e}{dt^2}+\frac{de}{dt}=-Ku$$

である．ただし，$\dfrac{de}{dt}>0$ のとき，

$$u=\begin{cases}+1 & (e>h)\\ -1 & (e<h)\end{cases}$$

であり，$\dfrac{de}{dt}<0$ のときは

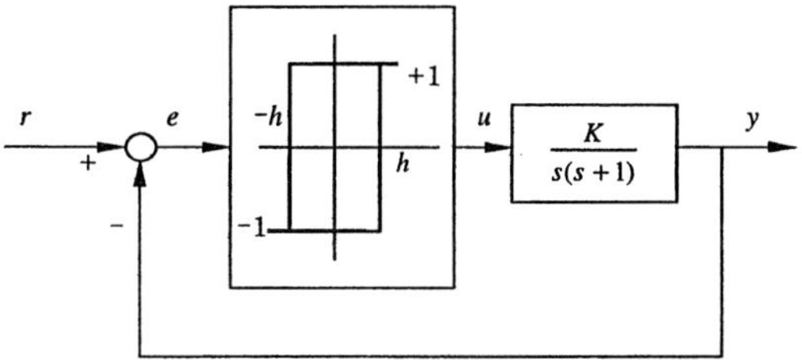


**図 5.18** ヒステリシスのあるリレー制御系

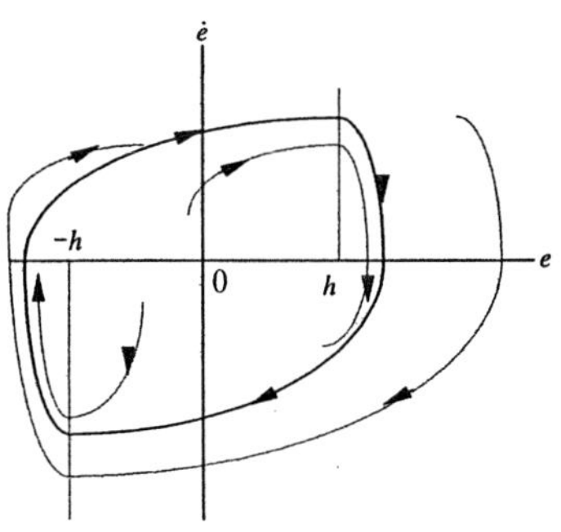


**図 5.19** 図 5.18 の系の位相面軌道

$$u=\begin{cases}+1 & (e>-h)\\ -1 & (e<-h)\end{cases}$$

である．この場合の位相面軌道は図5.19のようになる．この図は，初期状態が原点に近いところから出発しても，偏差やその微分が大きい外側から出発しても，いずれは閉軌道のリミットサイクルに漸近していくことを示している．

再び，図5.1の系について考えてみよう．前述のように，この系は図5.17のようなリミットサイクルをもつ．ここで，図5.20のように，$1+bs$ のような速度情報をフィードバックする要素を付加したとする．

このとき，状態変数の取り方を少し変えて，$x_1=r-c$，$x_2=-\dot{c}$ とすると

$$\begin{cases}\dot{x}_1=x_2\\ \dot{x}_2=-u=-\dfrac{x_1+bx_2}{|x_1+bx_2|}E\end{cases} \tag{5.21}$$

のように表される．したがって

$$\frac{dx_2}{dx_1}=-\frac{x_1+bx_2}{|x_1+bx_2|}\cdot\frac{E}{x_2} \tag{5.22}$$

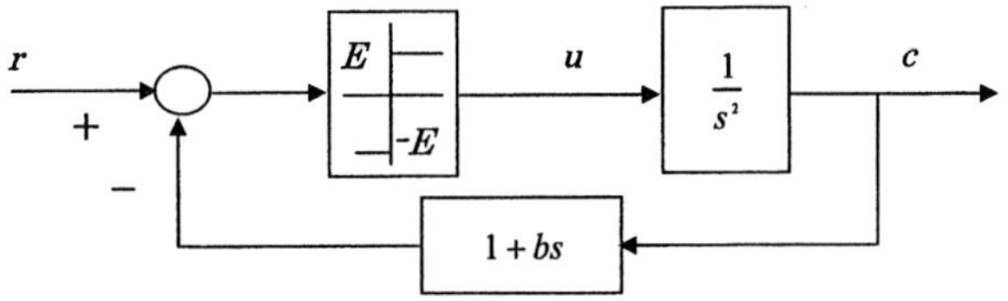


**図5.20**　微分フィードバックの付加

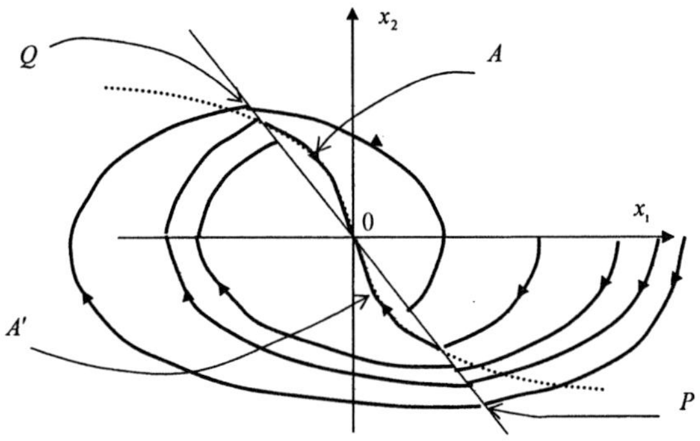


**図5.21**　速度情報をフィードバックするオン・オフサーボ系の位相面軌道

より，直線 $x_1+bx_2=0$ でスイッチングが起こることがわかる．図5.21にその位相面軌道を示す．図において，$A$ と $A'$ の軌道のみが原点に向かう．そこで，図の点線の曲線との交点の位置でスイッチングすると，その後はスイッチングすることなく原点に到達できる．実は，このスイッチング曲線を用いると，最短時間で原点に到達することがわかっている．このような制御を最短時間制御（time optimal control）と呼んでいる．その導出原理を最大原理（maximum principle）という（Pontryagin，1958）．

図5.22に，スイッチング曲線が線形の場合と，最短時間制御の場合の応答を示す．最短時間のスイッチング曲線はやや複雑である．そこで，上の線形のスイッチングがしばしば用いられる．図5.23に示すように，解である放物線と直線とが接する2点間（$L$-$L'$）の線分内ではスイッチング直線から離れるような解はないので，解軌道は直線に沿って原点に向かうことになる．

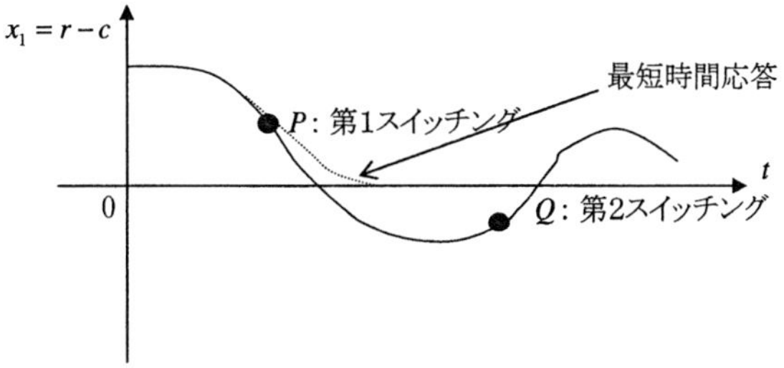


**図5.22** スイッチング曲線が線形の場合と最短時間制御の場合の応答

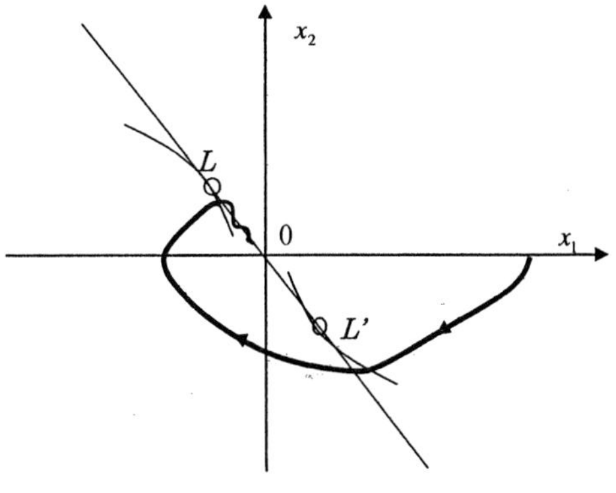


**図5.23** スライディングモード制御

つまり，線分内では近似的に次の式に従う．

$$x_1+bx_2=x_1+b\dot{x}_1=0 \qquad (5.23)$$

この微分方程式の解は

$$x_1(t)=Ce^{-\frac{t}{b}} \qquad (5.24)$$

となる．しかし，現実にはスイッチの切り替えはすぐには起こらないので，図のように直線上でチャタリング（chattering）が生ずる．

このようなある直線（曲線）に沿って原点に向かう現象をスライディングモード（sliding mode）という．このことを積極的に利用する制御法をスライディングモード制御という．スライディングモード制御では，スライディング曲線（sliding curve）の設計が設計者に委ねられる．

## 演　習　問　題

**5.1**　図Hの不感帯＋飽和要素の記述関数を求めよ．

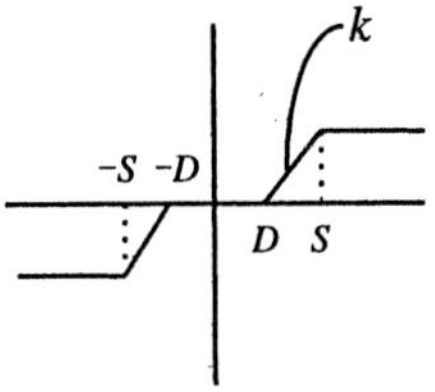


**図 H**

**5.2**　図Iのような2位置リレーをもつ制御系において，$G(s)$ を

$$G(s)=\frac{K}{s(1+sT_1)(1+sT_2)}$$

とする．ここで，$K, T_1, T_2>0$ とする．リミットサイクルが存在するならば，その振幅と周波数を求めよ．

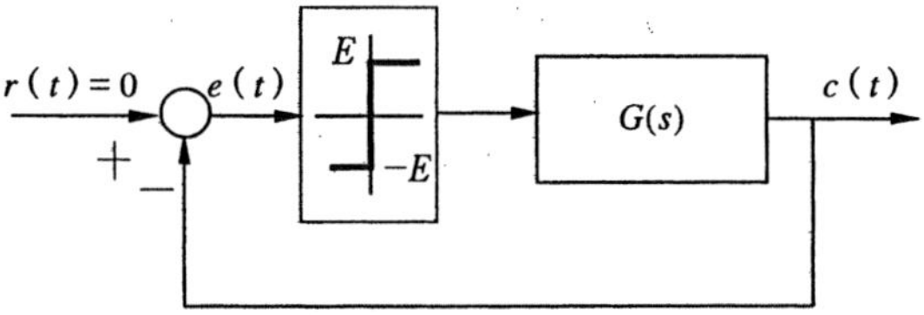


**図 I**

**5.3**　図5.8のシステムにおいて，非線形要素を問題5.1の $D=1$，$S=\sqrt{3}$，$k=1$ なる不感帯＋飽和要素とし，$G(s)$ を

$$G(s)=\frac{120}{s(1+0.25s)(1+0.05s)}$$

とするとき，リミットサイクルが存在するならば，その周波数と振幅を求めよ．

**5.4**　図Iの系において，$G(s)$ を

$$G(s)=\frac{(1+s)^2+9}{s(1+s)^2}$$

とする．リミットサイクルが存在するならば，その周波数と振幅を求めよ．

# 6 確率システム

天候の推移や株価の変動などは，不規則な成分を含むため，これらを完璧に予想することはできない．しかし，現在晴れの天気が1秒後に大雨になったり，優良株が1秒後に半値になったりすることは，まったくないわけではないが，ほとんどないことも事実である．このことは，確率的なふるまいをするシステムに対して，その出力をある程度予想したり，雑音に汚された情報であってもそれに基づいて制御したりすることも可能であることを示唆している．本章では，不規則信号の確率を使った扱い方，線形システムへ不規則信号を入力したときの応答，および，カルマンフィルタを使った状態推定問題などを述べる．

## 6.1 ランダム信号（不規則信号）

図6.1と図6.2のような不規則な信号（ランダム信号，random signal）$x(t)$ と $x'(t)$ を考えよう．これらの例では時間 $t$ は離散時間である．$x(t)$ と

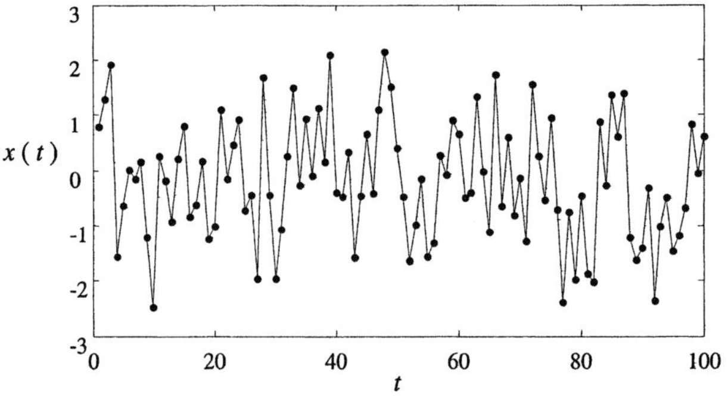


**図 6.1**　変動が激しいランダム信号の例

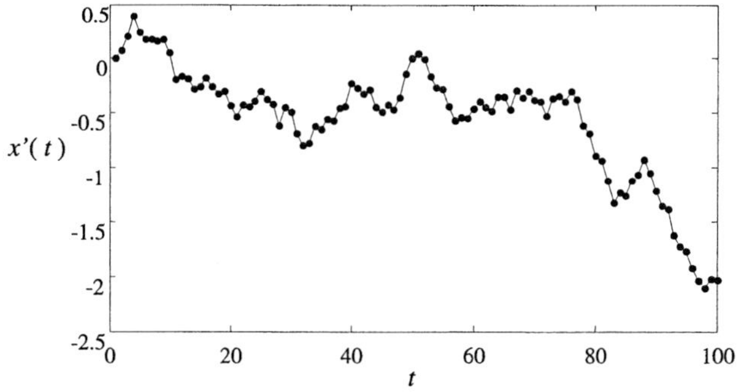


図 6.2 変動が緩やかなランダム信号の例

$x'(t)$ はどちらも不規則であるが，$x(t)$ に比べて $x'(t)$ のほうが不規則さの度合いが少ないことは直感的に理解できると思われる．以下では，このような不規則さの度合いを数学的に表すことを考えてみる．

いま，時間 $t$ は連続時間とし，$x(t)$ を時間 $t$ の関数であるランダム信号とする．$n$ 個の異なる時刻 $t_1, t_2, \cdots, t_n$ における確率変数 $x(t_1), x(t_2), \cdots, x(t_n)$ の結合確率分布関数（同時確率分布関数（joint probability distribution function）ともいう）を

$$F(x_1; t_1, x_2; t_2, \cdots, x_n; t_n) = P\{x(t_1) \leqq x_1, x(t_2) \leqq x_2, \cdots, x(t_n) \leqq x_n\} \tag{6.1}$$

で表し，対応する結合確率密度関数を $f(x_1; t_1, x_2; t_2, \cdots, x_n; t_n)$ で表す．$f(x_1; t_1, x_2; t_2, \cdots, x_n; t_n)$ は

$$F(x_1; t_1, x_2; t_2, \cdots, x_n; t_n) = \int_{-\infty}^{x_1}\int_{-\infty}^{x_2}\cdots\int_{-\infty}^{x_n} f(x_1; t_1, x_2; t_2, \cdots, x_n; t_n)\, dx_1 dx_2, \cdots, dx_n \tag{6.2}$$

を満たす関数として定義される．$x(t)$ の不規則性が強く，確率変数 $x(t_1)$, $x(t_2), \cdots, x(t_n)$ が互いに独立であれば

$$f(x_1; t_1, x_2; t_2, \cdots, x_n; t_n) = f_1(x_1; t_1) f_2(x_2; t_2) \cdots f_n(x_n; t_n) \tag{6.3}$$

が成り立つ．

信号 $x(t)$ の確率密度関数が $f(x; t)$ であるとき，次の統計量が重要である．

平均値（mean）：　$m(t)=E[x(t)]=\int_{-\infty}^{\infty} xf(x;t)\,dx$ 　　(6.4)

分散（variance）：　$\sigma^2(t)=\mathrm{var}[x(t)]=E\,[(x(t)-m(t))^2]$

$$=\int_{-\infty}^{\infty}\{x-m(t)\}^2 f(x;t)\,dx \qquad (6.5)$$

時刻 $t$，$s$ における信号 $x(t)$ と $y(s)$ のそれぞれの平均値が $m_x(t)$，$m_y(s)$ であり，同時確率密度関数が $f(x;t,y;s)$ であるとき，$x(t)$ と $y(s)$ の関係の強さを表す共分散は次のように定義される．

共分散（covariance）：　$\mathrm{cov}[x(t),y(s)]=E[\{x-m_x(t)\}\{y-m_y(s)\}]$

$$=\int_{-\infty}^{\infty}\{x-m_x(t)\}\{y-m_y(s)\}f(x;t,y;s)\,dxdy \qquad (6.6)$$

**（例 6.1）**

確率分布が正規分布（normal distribution）である信号 $x(t)$ の確率密度関数は，$f(x)=f(x;t)$ として $t$ によらず一定とすると，

$$f(x)=\frac{1}{\sqrt{2\pi}\,\sigma}e^{-\frac{1}{2\sigma^2}\{x-m\}^2} \qquad (6.7)$$

で与えられる．この分布の平均値は $m$ であり，分散は $\sigma^2$ である．$m=0$，$\sigma=1$ としたときは

$$f(x)=\frac{1}{\sqrt{2\pi}}e^{-\frac{1}{2}x^2} \qquad (6.8)$$

となり，この関数を図示すると図 6.3 のようになる．

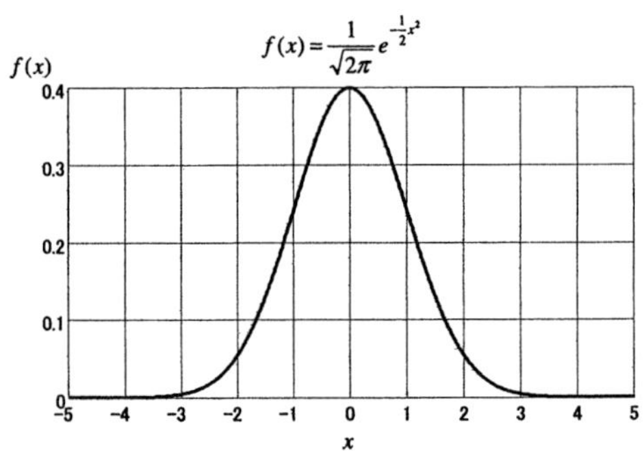


**図 6.3　正規分布の確率密度関数**

式(6.7) の関数の平均値を求めるためには，式(6.4) より

$$E[x]=\int_{-\infty}^{\infty}xf(x)\,dx=\frac{1}{\sqrt{2\pi}\,\sigma}\int_{-\infty}^{\infty}xe^{-\frac{1}{2\sigma^2}\{x-m\}^2}dx$$

を計算すればよい．$u=\dfrac{x-m}{\sigma}$ のように置換すると，

$$E[x]=\frac{1}{\sqrt{2\pi}\,\sigma}\int_{-\infty}^{\infty}(\sigma u+m)\,e^{-\frac{1}{2}u^2}\sigma du=\frac{1}{\sqrt{2\pi}}\left[\sigma\int_{-\infty}^{\infty}ue^{-\frac{1}{2}u^2}du+m\int_{-\infty}^{\infty}e^{-\frac{1}{2}u^2}du\right]$$

である．上式の右辺大括弧の中の第 1 項は奇関数の積分なので 0 である．第 2 項の積分はガウス積分（Gauss integral）と呼ばれ $\int_{-\infty}^{\infty}e^{-\frac{1}{2}u^2}du=\sqrt{2\pi}$ であることがわかっている．したがって，$E[x]=m$ である．

分散は，式(6.5) においてやはり $u=\dfrac{x-m}{\sigma}$ と置換することによって計算できる．

図 6.1 は確率密度関数 $f(x)$ が式(6.8) に従う信号（ただし，$t$ は離散時間）の例である．

**（例 6.2）**

$n$ 個の確率変数をベクトルとみなし，$\boldsymbol{x}=[x_1 \quad x_2 \quad \cdots \quad x_n]^{\mathrm{T}}$ で表す．このとき，結合確率密度関数 $f(x_1,x_2,\cdots,x_n)$ は単に $f(\boldsymbol{x})$ で表せる．$\boldsymbol{x}$ の各要素の平均値を要素とするベクトルを $\boldsymbol{m}=[m_1 \quad m_2 \quad \cdots \quad m_n]^{\mathrm{T}}$ で表す．このとき，

$$\boldsymbol{\Sigma}=E[(\boldsymbol{x}-\boldsymbol{m})(\boldsymbol{x}-\boldsymbol{m})^{\mathrm{T}}] \tag{6.9}$$

を分散共分散行列という．これらを使うと，多次元正規分布（multi-dimensional normal distribution）の確率密度関数が，

$$f(\boldsymbol{x})=\frac{1}{(2\pi)^{\frac{n}{2}}\det(\boldsymbol{\Sigma})^{\frac{1}{2}}}e^{-\frac{1}{2}(\boldsymbol{x}-\boldsymbol{m})^{\mathrm{T}}\boldsymbol{\Sigma}^{-1}(\boldsymbol{x}-\boldsymbol{m})} \tag{6.10}$$

のように表せる．

**［例題 6.1］**

式(6.10) において共分散が 0（要素間に相関がない）すなわち，$\boldsymbol{\Sigma}=\mathrm{diag}$

$(\sigma_i^2)$，$i=1,2,\cdots,n$ であるときの $f(\boldsymbol{x})$ を求めよ．また，$\boldsymbol{\Sigma}=\sigma^2\boldsymbol{I}$（要素間に相関がなく各要素の分散が同一）の場合はどうか．

[解]

$\boldsymbol{\Sigma}=\mathrm{diag}(\sigma_i^2)$，$i=1,2,\cdots,n$ のとき，

$$\det(\boldsymbol{\Sigma})=\prod_{i=1}^{n}\sigma_i^2,\quad \boldsymbol{\Sigma}^{-1}=\mathrm{diag}\left(\frac{1}{\sigma_i^2}\right)$$

であるから，

$$f(\boldsymbol{x})=\frac{1}{(2\pi)^{\frac{n}{2}}\prod_{i=1}^{n}\sigma_i}e^{-\sum_{i=1}^{n}\frac{(x_i-m_i)^2}{2\sigma_i^2}}$$

である．

$\boldsymbol{\Sigma}=\sigma^2\mathbf{I}$ のとき，

$$\det(\boldsymbol{\Sigma})=\sigma^{2n},\quad \boldsymbol{\Sigma}^{-1}=\frac{1}{\sigma^2}\boldsymbol{I}$$

であるから，

$$f(\boldsymbol{x})=\frac{1}{(2\pi\sigma^2)^{\frac{n}{2}}}e^{-\sum_{i=1}^{n}\frac{(x_i-m_i)^2}{2\sigma^2}}$$

である．

われわれが現実の信号を処理する場合，結合確率分布関数 $F(x_1;t_1,x_2;t_2,\cdots,x_n;t_n)$ や結合確率密度関数 $f(x_1;t_1,x_2;t_2,\cdots,x_n;t_n)$ があらかじめわかっている場合は少ない．そこで，これらのような振幅方向の統計量を扱うかわりに，次のような時間方向の統計量を考える．

$$\text{平均値：}\quad \overline{x(t)}=\lim_{T\to\infty}\frac{1}{2T}\int_{-T}^{T}x(t)\,dt \tag{6.11}$$

$$\text{2 乗平均値：}\quad \overline{x^2(t)}=\lim_{T\to\infty}\frac{1}{2T}\int_{-T}^{T}x^2(t)\,dt \tag{6.12}$$

信号 $x(t)$ が定常過程（stationary process）であれば，これらの統計量は時間の関数ではなくなる．信号 $x(t)$ が **（強）定常過程**（(weakly) stationary process）であるとは，任意の $n,t_1,t_2,\cdots,t_n$ と $\tau$ について

$$F(x_1;t_1,x_2;t_2,\cdots,x_n;t_n)=F(x_1;t_1+\tau,x_2;t_2+\tau,\cdots,x_n;t_n+\tau) \tag{6.13}$$

が成り立つことである．すなわち，任意の時間シフト $\tau$ に対して確率分布が変わらないということである．さらに，集合平均（ensemble mean）と時間平均（time mean）が等しい，すなわち，

$$E[x(t)]=\lim_{T\to\infty}\frac{1}{2T}\int_{-T}^{T}x(t)\,dt \tag{6.14}$$

を満たすとき，$x(t)$ はエルゴード的（ergodic）であるという．

以下ではエルゴード仮定（集合平均=時間平均）が成り立つようなランダム信号を考える．

## 6.2 相関関数とスペクトル密度

ランダム信号 $x(t)$ の異なる時刻の値 $x(t_1)$ と $x(t_2)$ の間の相関の強さを表す関数として，自己相関関数（autocorrelation function）が次のように定義される．

自己相関関数：

$$\begin{aligned}\phi_{xx}(t_1,t_2)&=\int_{-\infty}^{\infty}\int_{-\infty}^{\infty}x_1x_2f(x_1;t_1,x_2;t_2)\,dx_1dx_2 &&\text{（結合確率密度関数がわかっているときの定義）}\\&=\phi_{xx}(t_2-t_1) &&\text{（定常性から）}\\&=\phi_{xx}(\tau) &&\text{（}\tau=t_2-t_1\text{ とおく．}\tau\text{ を「ラグ（lag）」または「遅れ」という）}\\&=\lim_{T\to\infty}\frac{1}{2T}\int_{-T}^{T}x(t)x(t+\tau)\,dt &&\text{（エルゴード性から）}\end{aligned} \tag{6.15}$$

$x(t)$ と $y(t)$ を2つの異なるランダム信号とする．異なる時刻における $x(t_1)$ と $y(t_2)$ の間の相関の強さを表す関数として，相互相関関数（cross-correlation function）がある．

相互相関関数：

$$\phi_{xy}(t_1,t_2)=\int_{-\infty}^{\infty}\int_{-\infty}^{\infty}xyf(x;t_1,y;t_2)\,dxdy$$

$$= \phi_{xy}(t_2 - t_1)$$
$$= \phi_{xx}(\tau) \qquad (\tau = t_2 - t_1)$$
$$= \lim_{T\to\infty} \frac{1}{2T}\int_{-T}^{T} x(t)\,y(t+\tau)\,dt \qquad \text{(エルゴード性から)}$$
(6.16)

相関関数には次の性質がある．

(1) $\phi_{xx}(0) = \lim_{T\to\infty} \frac{1}{2T}\int_{-T}^{T} x^2(t)\,dt = E[x^2(t)] = m_x{}^2 + \sigma_x{}^2$ (6.17)

$m_x{}^2$：$x$ の平均，　$\sigma_x{}^2$：$x$ の分散

(2) $|\phi_{xx}(\tau)| \leqq \phi_{xx}(0)$ （自己相関関数は，時間ずれがないとき，すなわち $\tau=0$ のときに最大値である2乗平均値をとる）

(3) $\phi_{xx}(\tau) = \phi_{xx}(-\tau)$ （偶関数）

(4) $\phi_{xy}(\tau) = \phi_{yx}(-\tau)$ （$x(t)$ と $y(t)$ を交換したときには符号がつく）

(5) $x(t)$，$y(t)$ が独立で，それぞれ平均値が0のとき

$\phi_{xy}(\tau) = 0$；　$-\infty < \tau < \infty$ 　（無相関）

相関関数は時間領域での表現であるが，これをフーリエ変換することによって，周波数領域上でのランダム信号の特性が表現できる．すなわち，自己相関関数 $\phi_{xx}(\tau)$ のフーリエ変換をスペクトル密度（spectral density）という．

スペクトル密度：

$$\Phi_{xx}(\omega) = \frac{1}{2\pi}\int_{-\infty}^{\infty} \phi_{xx}(\tau)\,e^{-j\omega\tau}d\tau \qquad (6.18)$$

その逆フーリエ変換は自己相関関数である．すなわち，

$$\phi_{xx}(\tau) = \int_{-\infty}^{\infty} \Phi_{xx}(\omega)\,e^{j\omega\tau}d\omega \qquad (6.19)$$

である．同様に，相互相関関数 $\phi_{xy}(\tau)$ のフーリエ変換を相互スペクトル密度（cross-spectral density）という．

相互スペクトル密度：

$$\Phi_{xy}(j\omega) = \frac{1}{2\pi}\int_{-\infty}^{\infty} \phi_{xy}(\tau)\,e^{-j\omega\tau}d\tau \qquad (6.20)$$

その逆フーリエ変換は相互相関関数である．すなわち，

$$\phi_{xy}(\tau)=\int_{-\infty}^{\infty}\Phi_{xy}(j\omega)\,e^{j\omega\tau}d\omega \tag{6.21}$$

である．

スペクトル密度には次の性質がある．

(1) $\Phi_{xx}(\omega)=\Phi_{xx}(-\omega)$ （$\Phi_{xx}$ は実数である）

(2) $\int_{-\infty}^{\infty}\Phi_{xx}(\omega)\,d\omega=\phi_{xx}(0)=E[x^2(t)]$ （式(6.19) で $\tau=0$ とする．スペクトル密度の積分値は 2 乗平均値に等しい） (6.22)

(3) $\Phi_{xy}(j\omega)=\Phi_{yx}(-j\omega)=\Phi_{yx}{}^*(j\omega)$ （* は複素共役を表す）

**（例 6.3）** 白色雑音（white noise）

スペクトル密度が $\Phi_{xx}(\omega)=c$ （一定）であるようなランダム信号を白色雑音という．これは広いスペクトルをもつ太陽光線が白色に見えるところからきている．このときの自己相関関数は

$$\phi_{xx}(\tau)=2\pi c\delta(\tau) \tag{6.23}$$

となる．ここで，$\delta(\tau)$ はディラック（Dirac）のデルタ関数である．これは $\tau=0$ のときに限り相関があり，これから少しでもずれると無相関になることを意味する．すなわち，白色雑音は最も不規則な信号である．

物理的に存在する信号であればエネルギーが有限，すなわち式(6.22) の左辺が有界であり，無限に高い周波数までスペクトル密度が $\Phi_{xx}(\omega)=c$ で一定となることはない．ただし，高い周波数領域までスペクトル密度が一定である信号（広帯域信号）ほど不規則である．図 6.1 は計算機によって作られた広帯域信号の例である．

白色雑音に対して，スペクトル密度が一定でない信号を有色雑音（colored noise；有色信号）という．図 6.2 は計算機によってつくられた有色信号の例であり，自己相関関数が緩やかに減少する信号である．

**（例 6.4）**

相関関数とそれに対応するスペクトル密度の例を次に示す．

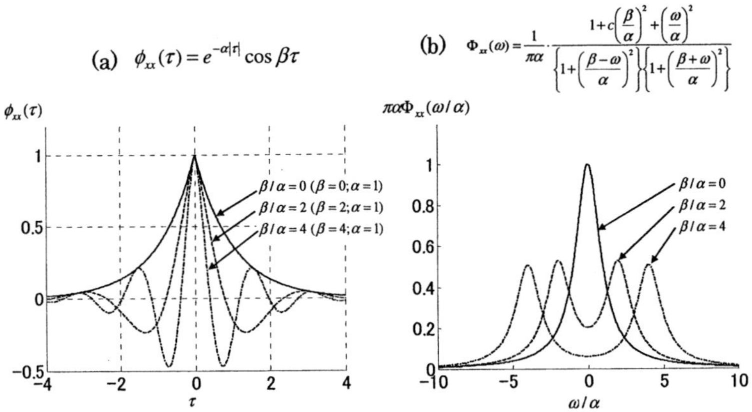


**図 6.4** 相関関数とスペクトル密度

(1) 相関関数が単調減少する指数関数となっているとき

$$\phi_{xx}(\tau)=e^{-\alpha|\tau|},\quad \alpha>0 \tag{6.24}$$

$$\Phi_{xx}(\omega)=\frac{\alpha}{\pi(\alpha^2+\omega^2)} \tag{6.25}$$

(2) 相関関数が減衰振動関数となっているとき

$$\phi_{xx}(\tau)=e^{-\alpha|\tau|}\cos\beta\tau \tag{6.26}$$

$$\Phi_{xx}(\omega)=\frac{1}{\pi\alpha}\cdot\frac{1+\left(\frac{\beta}{\alpha}\right)^2+\left(\frac{\omega}{\alpha}\right)^2}{\left\{1+\left(\frac{\beta-\omega}{\alpha}\right)^2\right\}\left\{1+\left(\frac{\beta+\omega}{\alpha}\right)^2\right\}} \tag{6.27}$$

(1) は (2) で $\beta=0$ とした特別な場合である．$\frac{\beta}{\alpha}$ をパラメータとして $\phi_{xx}(\tau)$ と $\pi\alpha\Phi_{xx}\left(\frac{\omega}{\alpha}\right)$ を図示すると，それぞれ図 6.4 の (a) と (b) のようになる．

## 6.3 線形系の入出力関係

図 6.5 のような，伝達関数が $G(s)$ である線形システムにランダム信号 $x(t)$ が入力された場合を考える．

システムの重み関数（インパルス応答）を $g(t)=L^{-1}[G(s)]$ とすると，出

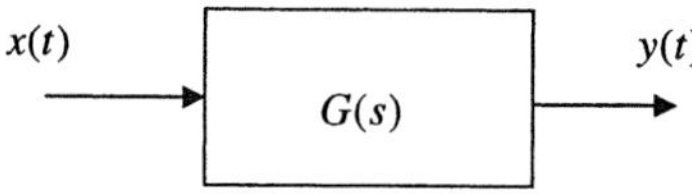


**図 6.5** 線形システム

力 $y(t)$ の自己相関関数は

$$\phi_{yy}(\tau)=\lim_{T\to\infty}\frac{1}{2T}\int_{-T}^{T}y(t)\,y(t+\tau)\,dt$$
$$=\int_0^{\infty}g(t_1)\,dt_1\int_0^{\infty}g(t_2)\,\phi_{xx}(\tau+t_1-t_2)\,dt \tag{6.28}$$

である．式(6.18) より，上式をフーリエ変換すると出力のスペクトル密度 $\Phi_{yy}(\omega)$ が求まる．すなわち，

$$\Phi_{yy}(\omega)=\frac{1}{2\pi}\int_{-\infty}^{\infty}\left[\int_0^{\infty}g(t_1)\,dt_1\int_0^{\infty}g(t_2)\,\phi_{xx}(\tau+t_1-t_2)\,dt_2\right]e^{-j\omega\tau}d\tau$$
$$=\int_0^{\infty}g(t_1)\,e^{j\omega\tau}dt_1\int_0^{\infty}g(t_2)\,e^{-j\omega\tau}dt_2\,\frac{1}{2\pi}\int_{-\infty}^{\infty}\phi_{xx}(\tau+t_1-t_2)\,e^{-j\omega(\tau+t_1-t_2)}d\tau$$
$$=G(-j\omega)\,G(j\omega)\,\Phi_{xx}(\omega)$$
$$=|G(j\omega)|^2\Phi_{xx}(\omega) \tag{6.29}$$

となる．この関係は，入力信号が白色 $\Phi_{xx}(\omega)=0$ であれば，$G(j\omega)$ を与えることで所望のスペクトル密度をもつ時間関数をつくり出せることを意味する．このようなフィルタを成形フィルタ（shaping filter）という．

出力の 2 乗平均は，式(6.19) と (6.29) より，

$$\overline{y(t)^2}=E[y^2(t)]=\phi_{yy}(0)=\int_{-\infty}^{\infty}\Phi_{yy}(\omega)\,d\omega=\int_{-\infty}^{\infty}|G(j\omega)|^2\Phi_{xx}(\omega)\,d\omega \tag{6.30}$$

のように計算できる．

入力と出力の相互相関関数は，式(6.28) と同様に計算して，

$$\phi_{xy}(\tau)=\lim_{T\to\infty}\frac{1}{2T}\int_{-T}^{T}x(t)\,y(t+\tau)\,dt$$
$$=\int_{-\infty}^{\infty}g(t)\,\phi_{xx}(\tau-t)\,d\tau \tag{6.31}$$

であり，これをフーリエ変換して相互スペクトル密度が

$$\Phi_{xy}(j\omega)=G(j\omega)\,\Phi_{xx}(\omega) \tag{6.32}$$

のように求められる．これを変形すれば

$$G(j\omega)=\frac{\Phi_{xy}(j\omega)}{\Phi_{xx}(\omega)} \tag{6.33}$$

である．この関係はスペクトル密度と相互スペクトル密度から周波数伝達関数 (frequency transfer function) $G(j\omega)$ を同定 (identification) するのに用いられる．式(6.28) と (6.31) から

$$\phi_{yy}(\tau)=\int_{-\infty}^{\infty}g(t)\,\phi_{xy}(\tau+t)\,dt \tag{6.34}$$

の関係も成り立つ．

**（例 6.5）**

図 6.6 の 1 自由度振動系の出力のスペクトル密度を求めてみよう．系はスペクトル密度 $\Phi_{xx}(\omega)=1$ の白色雑音である外力 $x(t)$ によって励振されているとする．

系の運動方程式は

$$m\ddot{y}+c\dot{y}+ky=x$$

したがって周波数伝達関数は

$$G(j\omega)=\frac{1}{-m\omega^2+jc\omega+k}$$

出力のスペクトル密度は，式(6.24) より

$$\Phi_{yy}(\omega)=|G(j\omega)|^2\Phi_{xx}(\omega)=\frac{1}{(k-m\omega^2)^2+c^2\omega^2}$$

また，出力の 2 乗平均は，式(6.29) より

$$\overline{y(t)^2}=\int_{-\infty}^{\infty}\frac{1}{(k-m\omega^2)^2+c^2\omega^2}\,d\omega=\frac{\pi}{kc}$$

これは，質量 $m$ の大きさによらない!!

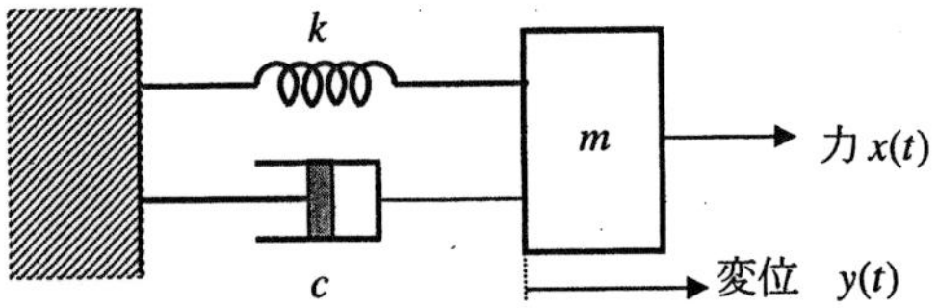


**図 6.6** 1 自由度振動系

例 6.5 の最後の式のように，式(6.30) の計算には $-\infty \to \infty$ の積分を行う必要がある．これには次の積分公式を使うと便利である．

**留数定理を用いた積分公式：** $f(x)=\dfrac{P(x)}{Q(x)}$ は有理関数，$P$，$Q$ はそれぞれ $m$ 次，$n$ 次の多項式とする．$Q(x)=0$ の根（$f(x)$ の極）に実数のものがなく，かつ $n-m \geqq 2$ ならば

$$\int_{-\infty}^{\infty} f(x)\,dx = 2\pi j \sum_{\mathrm{Im}(\xi)>0} \mathrm{Res}[f(\xi)] \tag{6.35}$$

である．ただし，$\mathrm{Res}[f(\xi)]$ は極 $\xi$ における留数を示し，和は，その虚部が正（$\mathrm{Im}(\xi)>0$）となる $f(x)$ の極（複素平面上で実軸より上半分の領域にある極）全体にわたって取る．

この公式を使った例題を以下に示す．

**[例題 6.2]**

伝達関数が

$$G(s)=\frac{Y(s)}{U(s)}=\frac{s+c}{(s+a)(s+b)}$$

であるシステムへ，スペクトル密度が $\Phi_{uu}(\omega)=1$ の白色雑音 $u(t)$ を入力した．出力 $y(t)$ の 2 乗平均を求めよ．ただし，$a,b,c$ は定数である．

[解]

式(6.30) より，

$$\begin{aligned}
\overline{y(t)^2} &= \int_{-\infty}^{\infty} \left| \frac{j\omega+c}{(j\omega+a)(j\omega+b)} \right|^2 \cdot 1\,d\omega \\
&= \int_{-\infty}^{\infty} \frac{\omega^2+c^2}{(\omega^2+a^2)(\omega^2+b^2)}\,d\omega \\
&= \int_{-\infty}^{\infty} \frac{(\omega-jc)(\omega+jc)}{(\omega-ja)(\omega+ja)(\omega-jb)(\omega+jb)}\,d\omega \qquad (\text{極は } \omega=\pm ja,\ \pm jb) \\
&= 2\pi j \left\{ \mathop{\mathrm{Res}}_{\omega=ja}[f(\omega)] + \mathop{\mathrm{Res}}_{\omega=jb}[f(\omega)] \right\} \qquad (\text{虚部が正の極だけの留数の和をとる})
\end{aligned}$$

$$=2\pi j\left\{(\omega-ja)\frac{(\omega-jc)(\omega+jc)}{(\omega-ja)(\omega+ja)(\omega-jb)(\omega+jb)}\bigg|_{\omega=ja}\right.$$

$$\left.+(\omega-jb)\frac{(\omega-jc)(\omega+jc)}{(\omega-ja)(\omega+ja)(\omega-jb)(\omega+jb)}\bigg|_{\omega=jb}\right\}$$

$$=2\pi j\left\{\frac{-(a^2-c^2)}{-2ja(a^2-b^2)}+\frac{-(b^2-c^2)}{-2jb(b^2-a^2)}\right\}=\pi\frac{ab+c^2}{ab(a+b)}$$

## 6.4　制御系への応用

図 6.7 のような，飛翔体を追尾するレーダの追尾制御を考えよう．ここで，信号成分 $a(t)$ は，地平線上に現れてくる飛翔体の仰角であり，これは傾きが $A$ のランプ関数（ramp function）であるとする．すなわち，$\mathbf{1}(t)$ を単位ステップ関数としたとき $a(t)=A\cdot\mathbf{1}(t)$ である．システムへの目標入力 $r(t)$ には，$a(t)$ ばかりでなく，平均値が 0 の正規性白色雑音とみなされる雑音成分 $n(t)$ が加法的に含まれているものとする．すなわち，

目標値入力 $r(t)$＝信号成分 $a(t)$＋雑音成分 $n(t)$

である．ここで，$n(t)$ の自己相関関数を

$$\phi_{nn}(\tau)=2\pi N\delta(\tau) \tag{6.36}$$

とする．制御系の出力であるレーダの方向指向角を $c(t)$ とし，その開ループ伝達関数を

$$G(s)=\frac{1}{Ts(Ts+2\zeta)} \tag{6.37}$$

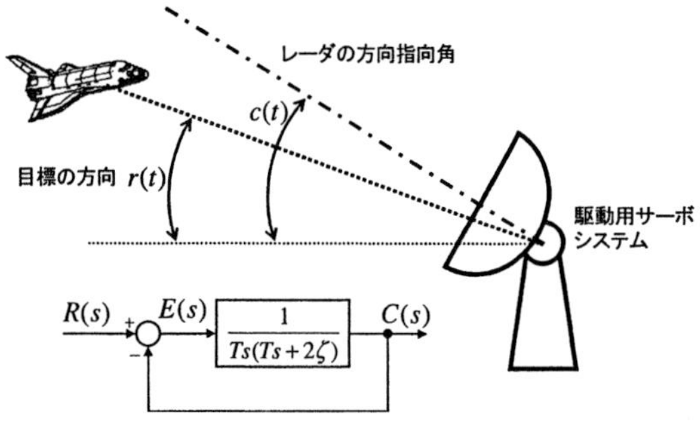


図 6.7　レーダの追尾制御

とする．

目標値入力 $r(t)$ に対する定常偏差（steady state error）$\varepsilon$ は，$n(t)$ を無視したとき $R(s)=\dfrac{A}{s^2}$ より，

$$\varepsilon=\lim_{t\to\infty} e(t)=\lim_{s\to 0} sE(s)=\lim_{s\to 0} s\frac{1}{1+G(s)}R(s)=2\zeta TA \quad (6.38)$$

である．すなわち，$t\to\infty$ のとき誤差 $e(t)=r(t)-c(t)$ はこの値で一定となる．式(6.38) は，$\zeta T$ が大きいほど $\varepsilon$ が大きくなることを意味している．

一方，信号成分を無視したとき，すなわち $a(t)=0$，$\Phi_{aa}(\omega)=0$ とするとき，出力 $c(t)$ の 2 乗平均値は，式(6.30) から

$$\begin{aligned}\overline{c(t)^2}&=\int_{-\infty}^{\infty}\Phi_{cc}(\omega)\,d\omega=\int_{-\infty}^{\infty}\left|\frac{G(j\omega)}{1+G(j\omega)}\right|^2\Phi_{rr}(\omega)\,d\omega\\&=\int_{-\infty}^{\infty}\left|\frac{G(j\omega)}{1+G(j\omega)}\right|^2\{\Phi_{aa}(\omega)+\Phi_{nn}(\omega)\}\,d\omega\\&=\int_{-\infty}^{\infty}\left|\frac{G(j\omega)}{1+G(j\omega)}\right|^2\Phi_{nn}(\omega)\,d\omega\\&=\frac{\pi N}{2\zeta T}\end{aligned} \quad (6.39)$$

となる．これは，$\zeta T$ を大きくするほど，雑音の影響が小さくなることを意味している．

$\lambda>0$ を重み係数として評価関数 $J$ を

$$J=\varepsilon^2+\lambda\overline{c(t)^2}=4(\zeta T)^2A^2+\lambda\frac{\pi N}{2\zeta T} \quad (6.40)$$

とする．式(6.40) を $\zeta T$ で微分して 0 とおくことにより，これを最小とする $\zeta T$ は，

$$\zeta T=\left(\frac{\lambda\pi N}{16A^2}\right)^{\frac{1}{3}} \quad (6.41)$$

のように得られる．

上述したレーダの追尾制御の例では，外乱（disturbance）だけがランダム信号であったが，次の例では，目標値と外乱がともに有色信号である場合を扱う．

図 6.8 の系において，伝達関数が $M(s)$ である制御系へ $r(t)$ を入力したと

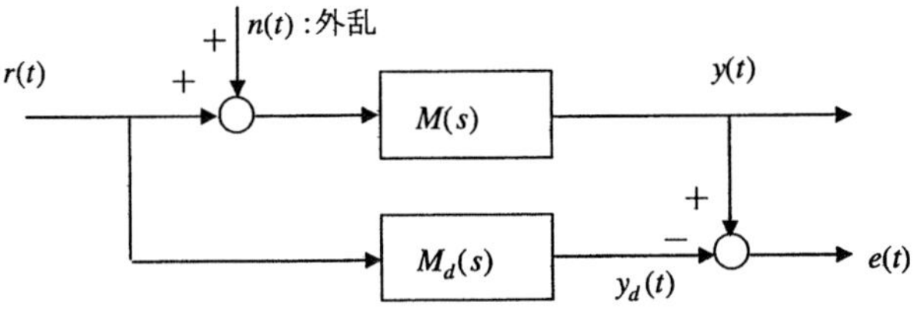


図 6.8 規範モデルとの出力誤差

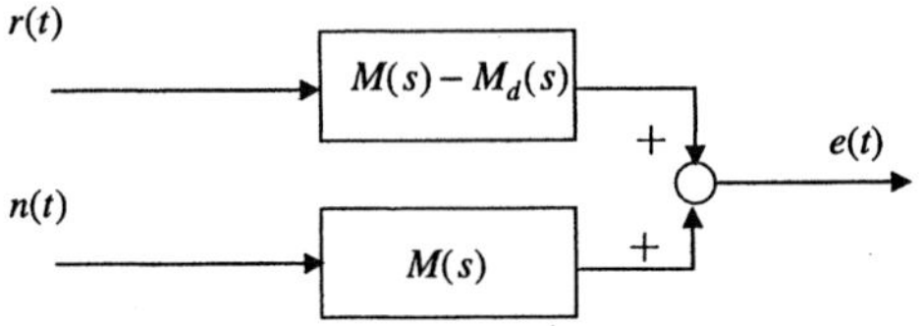


図 6.9 図 6.8 の書き換え

きの出力 $y(t)$ を，伝達関数が $M_d(s)$ である規範モデル（reference model）の出力 $y_d(t)$ に合わせたい．ただし，制御系は外乱 $n(t)$ による擾乱を受けているので，その影響も考慮する，とする．ただし，$r(t)$ と $n(t)$ とは互いに独立なランダム信号とする．

図 6.8 のブロック線図は図 6.9 のように書き換えることができる．これに従えば，誤差のスペクトル密度 $\Phi_{ee}(\omega)$ は，$r(t)$ と $n(t)$ の独立性を考慮すると，

$$\Phi_{ee}(\omega)=|M(j\omega)-M_d(j\omega)|^2\Phi_{rr}(\omega)+|M(j\omega)|^2\Phi_{nn}(\omega) \qquad (6.42)$$

のように書ける．式(6.30) を使って誤差の 2 乗平均は

$$\overline{e(t)^2}=\int_{-\infty}^{\infty}\Phi_{ee}(\omega)\,d\omega \qquad (6.43)$$

である．次の例題では，この 2 乗平均を最小にするように制御系 $M(s)$ のパラメータを最適化することを考える．

**［例題 6.3］**

図 6.10 のように，伝達関数 $M(s)=\dfrac{K}{s+K}$ のシステムの出力と伝達関数が 1 の規範システムの出力との差を $e(t)$ とする．入力 $r(t)$ と雑音 $n(t)$ は無相

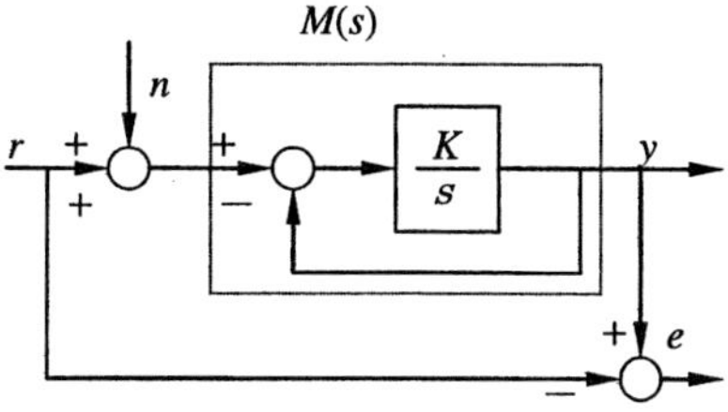


図 6.10 簡単な設計例

関で，それぞれのスペクトル密度を

$$\Phi_{rr}(\omega)=\frac{4}{\omega^2+4},\quad \Phi_{nn}(\omega)=\frac{8}{\omega^2+16}$$

とする．このとき，偏差 $e(t)$ の 2 乗平均を求めよ．また，それを最小にするゲイン $K$ を求めよ．

[解]

$M(j\omega)=\dfrac{K}{j\omega+K}$，$M_d(j\omega)=1$ を式(6.37) へ代入すると，

$$\begin{aligned}\Phi_{ee}(\omega)&=\left|\frac{K}{j\omega+K}-1\right|^2\frac{4}{\omega^2+4}+\left|\frac{K}{j\omega+K}\right|^2\frac{8}{\omega^2+16}\\&=\frac{4\omega^2}{(\omega^2+K^2)(\omega^2+4)}+\frac{8K^2}{(\omega^2+K^2)(\omega^2+16)}\\&=\frac{4\omega^2}{(\omega-jK)(\omega+jK)(\omega+j2)(\omega-j2)}\\&\quad+\frac{8K^2}{(\omega-jK)(\omega+jK)(\omega+j4)(\omega-j4)}\end{aligned}$$

右辺第 1 項を $f_1(\omega)$，第 2 項を $f_2(\omega)$ とおく．これを式(6.43) へ代入して，

$$\begin{aligned}\overline{e(t)^2}&=\int_{-\infty}^{\infty}[f_1(\omega)+f_2(\omega)]\,d\omega\\&=2\pi j\left\{\operatorname*{Res}_{\omega=jK}[f_1(\omega)]+\operatorname*{Res}_{\omega=j2}[f_1(\omega)]+\operatorname*{Res}_{\omega=jK}[f_2(\omega)]+\operatorname*{Res}_{\omega=j4}[f_2(\omega)]\right\}\\&=2\pi j\left\{\frac{4(-K^2)}{(jK+jK)(-K^2+4)}+\frac{4(-4)}{(-4+K^2)(j2+j2)}\right.\\&\quad\left.+\frac{8K^2}{(jK+jK)(-K^2+16)}+\frac{8K^2}{(-16+K^2)(j4+j4)}\right\}\end{aligned}$$

$$=\pi\left\{\frac{4K}{K^2-4}-\frac{8}{K^2-4}-\frac{8K}{K^2-16}+\frac{2K^2}{K^2-16}\right\}$$

$$=\pi\left\{\frac{4(K-2)}{K^2-4}+\frac{2K(K-4)}{K^2-16}\right\}=2\pi\left\{\frac{2}{K+2}+\frac{K}{K+4}\right\}$$

$$=2\pi\frac{K^2+4K+8}{K^2+6K+8}$$

上式を $K$ で微分して 0 とおくと，$K^2-8=0$．したがって，最適な $K$ は $K=2\sqrt{2}$．

## 6.5 カルマンフィルタ

図 6.11 のように，$n$ 次の線形システム(3.1) に不規則信号 $\boldsymbol{v}(t)$ と $w(t)$ が加わったシステム

$$\begin{cases}\dot{\boldsymbol{x}}(t)=\boldsymbol{A}\boldsymbol{x}(t)+\boldsymbol{b}u(t)+\boldsymbol{v}(t)\\ y(t)=\boldsymbol{c}^{\mathrm{T}}\boldsymbol{x}(t)+w(t)\end{cases}\tag{6.44}$$

を考える．ここで，$(\boldsymbol{A},\boldsymbol{c})$ は可観測であるとする．$n$ 次元ベクトル $\boldsymbol{v}(t)$ およびスカラー $w(t)$ は，それぞれシステム雑音（system noise）および観測雑音（observation noise）と呼ばれる．このような雑音環境の中でシステムの状態 $\boldsymbol{x}(t)$ を推定する問題を考える．

$\boldsymbol{v}(t)$ と $w(t)$ に対して次のような仮定をする．すなわち，それぞれの平均値は 0

$$E[\boldsymbol{v}(t)]=0,\quad E[w(t)]=0,\qquad (\forall t)\tag{6.45}$$

であり，共分散行列は

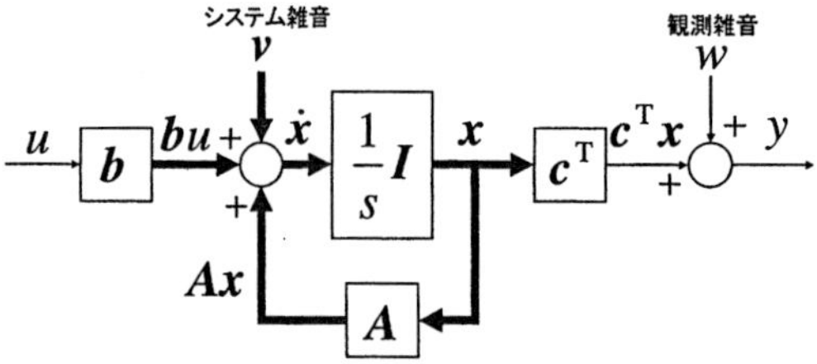


**図 6.11**　雑音が混入する $n$ 次線形システム

$$E[\boldsymbol{v}(t)\boldsymbol{v}(\tau)^{\mathrm{T}}]=\boldsymbol{Q}\delta(t-\tau),\quad E[w^2(t)]=r\delta(t),\qquad (\forall t,\tau) \tag{6.46}$$

である．ここで，$n$ 次正方行列 $\boldsymbol{Q}$ は非負定 $\boldsymbol{Q}\geqq 0$ であり，$r>0$ である．また，$\boldsymbol{v}(t)=[v_1(t), v_2(t), \cdots, v_n(t)]^{\mathrm{T}}$ の各要素 $v_i(t)$ と $w(t)$ は互いに無相関，すなわち

$$E[v_i(t)w(\tau)]=0,\qquad (\forall t,\tau) \tag{6.47}$$

である．さらに，$\boldsymbol{x}(0)$ と $\boldsymbol{v}(t)$ の間，$\boldsymbol{x}(0)$ と $w(t)$ の間も無相関であるとする．

このとき，雑音の付加されていない式(3.1) に対する同一次元オブザーバ(3.13) を

$$\dot{\boldsymbol{q}}(t)=\boldsymbol{A}\boldsymbol{q}(t)+\boldsymbol{b}u(t)+\boldsymbol{g}[y(t)-\boldsymbol{c}^{\mathrm{T}}\boldsymbol{q}(t)] \tag{6.48}$$

のように構成する．これを変形して

$$\dot{\boldsymbol{q}}(t)=[\boldsymbol{A}-\boldsymbol{g}\boldsymbol{c}^{\mathrm{T}}]\boldsymbol{q}(t)+\boldsymbol{b}u(t)+\boldsymbol{g}y(t) \tag{6.49}$$

と表す．ここで，ゲインベクトル $\boldsymbol{g}$ を，状態の推定誤差の大きさに関する評価関数

$$J=E[\{\boldsymbol{q}(t)-\boldsymbol{x}(t)\}^{\mathrm{T}}\{\boldsymbol{q}(t)-\boldsymbol{x}(t)\}] \tag{6.50}$$

が最小となるように定めたものをカルマンフィルタ（Kalman filter）という．

$t\to\infty$ におけるこの問題の解は，

$$\boldsymbol{g}=\boldsymbol{g}^*=r^{-1}\boldsymbol{P}\boldsymbol{c} \tag{6.51}$$

であることが知られている．ここで $\boldsymbol{P}$ はリッカチの行列方程式

$$\boldsymbol{P}\boldsymbol{A}^{\mathrm{T}}+\boldsymbol{A}\boldsymbol{P}-r^{-1}\boldsymbol{P}\boldsymbol{c}\boldsymbol{c}^{\mathrm{T}}\boldsymbol{P}+\boldsymbol{Q}=0 \tag{6.52}$$

の解である．この場合は定常カルマンフィルタと呼ぶ．式(6.52) のリッカチ方程式は，$\boldsymbol{A}^{\mathrm{T}}$ と $\boldsymbol{A}$ の出現順序が式(3.22) と異なることに注意しなければならない．

$\boldsymbol{Q}^{\frac{1}{2}}$ を $\boldsymbol{Q}=\boldsymbol{Q}^{\frac{1}{2}}\boldsymbol{Q}^{\frac{1}{2}\mathrm{T}}$ を満たす $\boldsymbol{Q}$ の平方根とする．$(\boldsymbol{A}, \boldsymbol{Q}^{\frac{1}{2}})$ が可制御ならば，式(6.47) の解として対称な正定値行列 $\boldsymbol{P}$ がただ1つ存在し，式(6.46) を使った式(6.44) のシステム行列

$$\boldsymbol{A}-\boldsymbol{g}^*\boldsymbol{c}^{\mathrm{T}}=\boldsymbol{A}-r^{-1}\boldsymbol{P}\boldsymbol{c}\boldsymbol{c}^{\mathrm{T}} \tag{6.53}$$

は漸近安定となり，誤差の平均値は 0，すなわち

$$\lim_{t\to\infty} E[\boldsymbol{q}(t)-\boldsymbol{x}(t)]=0 \tag{6.54}$$

となる．またこのとき，式(6.50) の評価関数の最小値は

$$J=\mathrm{trace}\,\boldsymbol{P} \tag{6.55}$$

で与えられる．

式(6.46) のように $r$ は観測雑音の分散を表す．観測雑音が小さいとき，すなわち，$r$ が小さいとき，式(6.53) の固有値は複素平面上でより左方に配置される．このことは，観測雑音が小さければ状態推定のスピードが速くなることを意味している．

カルマンフィルタの設計は，双対性を利用することで最適レギュレータと同一の方法でできる．すなわち，

$$\begin{cases} \tilde{\boldsymbol{A}}=\boldsymbol{A}^{\mathrm{T}} \\ \tilde{\boldsymbol{b}}=\boldsymbol{c} \end{cases} \tag{6.56}$$

と読み替えたシステム

$$\dot{\tilde{\boldsymbol{x}}}(t)=\tilde{\boldsymbol{A}}\tilde{\boldsymbol{x}}(t)+\tilde{\boldsymbol{b}}u(t) \tag{6.57}$$

に対する最適レギュレータを設計し，そのときに得られた $\tilde{\boldsymbol{f}}^{*}=r^{-1}\tilde{\boldsymbol{b}}^{\mathrm{T}}\tilde{\boldsymbol{P}}$ の転置から

$$\boldsymbol{g}^{*}=\tilde{\boldsymbol{f}}^{*\mathrm{T}}=r^{-1}\tilde{\boldsymbol{P}}\tilde{\boldsymbol{b}}=r^{-1}\tilde{\boldsymbol{P}}\boldsymbol{c} \tag{6.58}$$

とすればよい．

**［例題 6.4］**

次のシステム

$$\begin{cases} \dot{\boldsymbol{x}}(t)=\begin{bmatrix} 0 & 0 \\ 1 & -1 \end{bmatrix}\boldsymbol{x}(t)+\begin{bmatrix} 1 \\ 0 \end{bmatrix}u(t)+\boldsymbol{v}(t) \\ y(t)=[0 \quad 1]\,\boldsymbol{x}(t)+w(t) \end{cases}$$

において，システム雑音 $\boldsymbol{v}(t)$ と観測雑音 $w(t)$ はともに平均値が 0 で，

$$E[\boldsymbol{v}(t)\boldsymbol{v}(\tau)^{\mathrm{T}}]=\begin{bmatrix} q^2 & 0 \\ 0 & q^2 \end{bmatrix}\delta(t-\tau),\quad E[w^2(t)]=r\delta(t),\qquad (\forall\, t,\tau)$$

である．ここで，$q, r>0$ である．このシステムに対する定常カルマンフィルタを設計せよ．

［解］

$\boldsymbol{P}$ は対称であるから

$$\boldsymbol{P}=\begin{bmatrix} a & b \\ b & c \end{bmatrix}$$

とおくと，式(6.52) は

$$\begin{bmatrix} a & b \\ b & c \end{bmatrix}\begin{bmatrix} 0 & 1 \\ 0 & -1 \end{bmatrix}+\begin{bmatrix} 0 & 0 \\ 1 & -1 \end{bmatrix}\begin{bmatrix} a & b \\ b & c \end{bmatrix}$$
$$-r^{-1}\begin{bmatrix} a & b \\ b & c \end{bmatrix}\begin{bmatrix} 0 \\ 1 \end{bmatrix}\begin{bmatrix} 0 & 1 \end{bmatrix}\begin{bmatrix} a & b \\ b & c \end{bmatrix}+\begin{bmatrix} q^2 & 0 \\ 0 & q^2 \end{bmatrix}=0$$
$$\begin{bmatrix} 0 & a-b \\ 0 & b-c \end{bmatrix}+\begin{bmatrix} 0 & 0 \\ a-b & b-c \end{bmatrix}-r^{-1}\begin{bmatrix} b^2 & bc \\ bc & c^2 \end{bmatrix}+\begin{bmatrix} q^2 & 0 \\ 0 & q^2 \end{bmatrix}=0$$
$$\begin{bmatrix} -r^{-1}b^2+q^2 & a-b-r^{-1}bc \\ a-b-r^{-1}bc & 2(b-c)-r^{-1}c^2+q^2 \end{bmatrix}=0$$

となる．これより，

$$\begin{cases} -r^{-1}b^2+q^2=0 \\ 2(b-c)-r^{-1}c^2+q^2=0 \\ -b-c-r^{-1}ab=0 \end{cases}$$

の連立方程式ができる．第１式より

$$b=\pm q\sqrt{r}$$

であり，これを第２式に代入すると

$$c^2+2rc\pm 2rq\sqrt{r}-rq^2=0$$

である．これを $c$ について解くと，

$$c=-r\pm\sqrt{r^2\mp 2(q\sqrt{r})r+rq^2}=-r\pm(r\mp q\sqrt{r}) \quad （複号任意）$$

である．$\boldsymbol{P}$ が正定であるためには

$$b=q\sqrt{r}, \quad c=q\sqrt{r}$$

でなければならない．これらを式(6.58) に代入して，

$$\boldsymbol{g}^*=r^{-1}\boldsymbol{P}\boldsymbol{c}=r^{-1}\begin{bmatrix} a & b \\ b & c \end{bmatrix}\begin{bmatrix} 0 \\ 1 \end{bmatrix}=r^{-1}\begin{bmatrix} b \\ c \end{bmatrix}=r^{-1}\begin{bmatrix} q\sqrt{r} \\ q\sqrt{r} \end{bmatrix}=\begin{bmatrix} \dfrac{q}{\sqrt{r}} \\ \dfrac{q}{\sqrt{r}} \end{bmatrix}$$

を得る．

## 演　習　問　題

**6.1**　図6.5に示すように，伝達関数が $G(s)$ である線形系への入出力を $x(t)$，$y(t)$ とする．このとき，式(6.26) に示したように，$x(t)$ の自己相関関数 $\phi_{xx}(\tau)$ と $x(t)$，$y(t)$ の相互相関関数 $\phi_{xy}(\tau)$ の間に

$$\phi_{xy}(\tau)=\int_{-\infty}^{\infty}g(t)\,\phi_{xx}(\tau-t)\,dt$$

が成立することを示せ．ただし，$g(t)=L^{-1}[G(s)]$．

**6.2**　エルゴード的な不規則信号 $x(t)$ の自己相関関数 $\phi_{xx}(\tau)$ が，式(6.24)

$$\phi_{xx}(\tau)=Ae^{-\alpha|\tau|}$$

で与えられるとき，$x(t)$ のスペクトル密度 $\Phi_{xx}(\omega)$ が式(6.25) となることを示せ．

**6.3**　図Jのシステムにおいて，入力 $x(t)$ はその自己相関関数 $\phi_{xx}(t)$ が $\phi_{xx}(t)=\delta(t)$ である信号である．ここで，$\delta(t)$ はデルタ関数である．出力 $y(t)$ のパワースペクトル $\Phi_{yy}(\omega)$ を求め，$10\log_{10}\Phi_{yy}(\omega)$ [dB] を折れ線近似で図示せよ．また，$\Phi_{yy}(\omega)$ と角周波数軸で挟まれる部分の面積を求めよ．さらに，その値は何を意味するか．

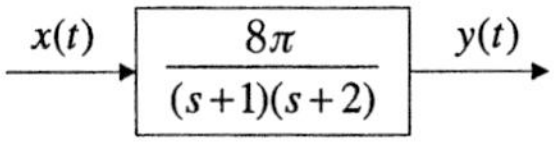


図 J

**6.4**　次のシステム

$$\begin{cases}\dot{\boldsymbol{x}}(t)=\begin{bmatrix}0 & 0\\ a & 1\end{bmatrix}\boldsymbol{x}(t)+\begin{bmatrix}1\\0\end{bmatrix}u(t)+\begin{bmatrix}1\\0\end{bmatrix}v(t)\\ y(t)=\begin{bmatrix}0 & 1\end{bmatrix}\boldsymbol{x}(t)+w(t)\end{cases}$$

において，システム雑音 $v(t)$ と観測雑音 $w(t)$ はともに平均値が0で，

$$E[v^2(t)]=q^2\delta(t),\quad E[w^2(t)]=r\delta(t),\qquad (\forall t)$$

である．ここで，$a\neq0$ であり，$q,r>0$ である．このシステムに対する定常カルマンフィルタを設計せよ．また，$a=0$ のときは何が起こるか．

# 演習問題解答

## 第1章

**1.1** (1) 回路に成り立つ微分方程式は

$$\begin{cases} \dfrac{u(t)-y(t)}{R_1}+C\dfrac{d}{dt}\{u(t)-y(t)\}=i(t) \\ y(t)=R_2 i(t)+L\dfrac{d}{dt}i(t) \end{cases}$$

である．状態ベクトルを $\boldsymbol{x}(t)=[x_1(t) \quad x_2(t)]^{\mathrm{T}}=[i(t) \quad u(t)-y(t)]^{\mathrm{T}}$ とおくと，

$$\begin{cases} \dot{\boldsymbol{x}}(t)=\begin{bmatrix} -\dfrac{R_2}{L} & -\dfrac{1}{L} \\ \dfrac{1}{C} & -\dfrac{1}{CR_1} \end{bmatrix}\boldsymbol{x}(t)+\begin{bmatrix} \dfrac{1}{L} \\ 0 \end{bmatrix}u(t) \\ y(t)=[0 \quad -1]\boldsymbol{x}+u(t) \end{cases}$$

(2) $p=-\dfrac{R_2}{L}$，$q=-\dfrac{1}{L}$，$v=\dfrac{1}{C}$，$w=-\dfrac{1}{CR_1}$ とおくと，伝達関数 $G(s)$ は

$$\begin{aligned} G(s) &= \boldsymbol{c}^{\mathrm{T}}(s\boldsymbol{I}-\boldsymbol{A})^{-1}\boldsymbol{b}+d=[0 \quad -1]\begin{bmatrix} s-p & -q \\ -v & s-w \end{bmatrix}^{-1}\begin{bmatrix} -q \\ 0 \end{bmatrix}+1 \\ &= \Delta^{-1}[0 \quad -1]\begin{bmatrix} s-w & q \\ v & s-p \end{bmatrix}\begin{bmatrix} -q \\ 0 \end{bmatrix}+1 ; \quad (\Delta=(s-p)(s-w)-qv \text{ とおく}) \\ &= \Delta^{-1}[-v \quad -(s-p)]\begin{bmatrix} -q \\ 0 \end{bmatrix}+1=\Delta^{-1}vq+1=\frac{(s-p)(s-w)}{(s-p)(s-w)-vq} \\ &= \frac{LCR_1s^2+(L+CR_1R_2)s+R_2}{LCR_1s^2+(L+CR_1R_2)s+R_1+R_2} \end{aligned}$$

**1.2** 定義された状態変数をそれぞれ微分して，与式の微分方程式を代入すると，

$$\begin{cases} \dot{x}_1=x_2+\beta_1 u \\ \dot{x}_2=-a_1x_1-a_2x_2+(b_1-a_1b_3-a_2\beta_1)u+(b_2-a_2b_3-\beta_1)\dot{u} \end{cases}$$

とすることができる．ここで，上の第2式右辺の入力の微分項 $\dot{u}$ を消すためには $b_2-a_2b_3-\beta_1=0$ を満たす必要がある．これは $n=2$ のときの式(1.30)の第1式に対応する．

**1.3** (1) 簡単化したブロック図は図Kのようになる．

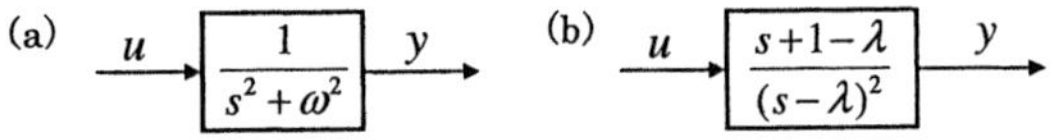


図K

(2) (a) $\ddot{y}+\omega^2 y=u$, (b) $\ddot{y}-2\lambda\dot{y}+\lambda^2 y=\dot{u}+(1-\lambda)u$

(3) (a) $\dot{\boldsymbol{x}}(t)=\begin{bmatrix}0 & 1\\ -\omega^2 & 0\end{bmatrix}\boldsymbol{x}(t)+\begin{bmatrix}0\\1\end{bmatrix}u(t)$, $y(t)=[1\ \ 0]\boldsymbol{x}(t)$

(b) $\dot{\boldsymbol{x}}(t)=\begin{bmatrix}\lambda & 1\\ 0 & \lambda\end{bmatrix}\boldsymbol{x}(t)+\begin{bmatrix}0\\1\end{bmatrix}u(t)$, $y(t)=[1\ \ 1]\boldsymbol{x}(t)$

(4) 略.

## 第2章

**2.1** 特性方程式は $\det(s\boldsymbol{I}-\boldsymbol{A})=(s-\lambda_1)(s-\lambda_2)(s-\lambda_3)=0$ であるから，固有値は $\lambda_1, \lambda_2, \lambda_3$ である．$\lambda_i$，$i=1,2,3$ に対応する固有ベクトルを $\boldsymbol{v}_i$ として固有方程式 $(\lambda_i\boldsymbol{I}-\boldsymbol{A})\boldsymbol{v}_i=0$ を解くと，$\boldsymbol{v}_1=[1\ \ 0\ \ 1]^{\mathrm{T}}$，$\boldsymbol{v}_2=[0\ \ 1\ \ 0]^{\mathrm{T}}$，$\boldsymbol{v}_3=[0\ \ 0\ \ 1]^{\mathrm{T}}$ を得る．したがって，対角化のための変換行列とその逆行列は次のようになる．

$$\boldsymbol{T}=[\boldsymbol{v}_1\ \ \boldsymbol{v}_2\ \ \boldsymbol{v}_3]=\begin{bmatrix}1 & 0 & 0\\ 0 & 1 & 0\\ 1 & 0 & 1\end{bmatrix},\quad \boldsymbol{T}^{-1}=\begin{bmatrix}1 & 0 & 0\\ 0 & 1 & 0\\ -1 & 0 & 1\end{bmatrix}$$

**2.2** 式(2.8) にしたがって $e^{\tilde{\boldsymbol{A}}t}$ を展開し，それに $\tilde{\boldsymbol{A}}=\boldsymbol{T}^{-1}\boldsymbol{A}\boldsymbol{T}$ を代入し，

$$(\boldsymbol{T}^{-1}\boldsymbol{A}\boldsymbol{T})^k=(\boldsymbol{T}^{-1}\boldsymbol{A}\boldsymbol{T})\cdots(\boldsymbol{T}^{-1}\boldsymbol{A}\boldsymbol{T})=\boldsymbol{T}^{-1}\boldsymbol{A}^k\boldsymbol{T}$$

であることを使えば $e^{\boldsymbol{A}t}=\boldsymbol{T}e^{\tilde{\boldsymbol{A}}t}\boldsymbol{T}^{-1}$ を示すことができる．

$\tilde{\boldsymbol{A}}=\mathrm{diag}[\mu_1\ \ \mu_2\ \ \cdots\ \ \mu_n]$ であるときには

$$e^{\tilde{\boldsymbol{A}}t}=L^{-1}[(s\boldsymbol{I}-\tilde{\boldsymbol{A}})^{-1}]=L^{-1}[\mathrm{diag}\{s-\mu_1\ \ s-\mu_2\ \ \cdots\ \ s-\mu_n\}^{-1}]$$

を計算すればよい．

**2.3** (1) $\begin{bmatrix}\cos\omega t & \sin\omega t\\ -\sin\omega t & \cos\omega t\end{bmatrix}$ (2) $\begin{bmatrix}e^{\lambda t} & te^{\lambda t}\\ 0 & e^{\lambda t}\end{bmatrix}$

(3) $$(s\boldsymbol{I}-\boldsymbol{A})^{-1}=\frac{1}{(s-\lambda_1)(s-\lambda_2)(s-\lambda_3)}$$
$$\times\begin{bmatrix}(s-\lambda_2)(s-\lambda_3) & 0 & 0\\ 0 & (s-\lambda_1)(s-\lambda_3) & 0\\ -(s-\lambda_2)(\lambda_3-\lambda_1) & 0 & (s-\lambda_1)(s-\lambda_2)\end{bmatrix}$$

$$e^{\boldsymbol{A}t}=L^{-1}\begin{bmatrix}\dfrac{1}{s-\lambda_1} & 0 & 0\\ 0 & \dfrac{1}{s-\lambda_2} & 0\\ \dfrac{1}{s-\lambda_1}-\dfrac{1}{s-\lambda_3} & 0 & \dfrac{1}{s-\lambda_3}\end{bmatrix}=\begin{bmatrix}e^{\lambda_1 t} & 0 & 0\\ 0 & e^{\lambda_2 t} & 0\\ e^{\lambda_1 t}-e^{\lambda_3 t} & 0 & e^{\lambda_3 t}\end{bmatrix}$$

**2.4** (1) $\dfrac{1}{(s-\lambda)^2}$

(2) $y(t)=L^{-1}\left[\dfrac{1}{(s-\lambda)^2}\cdot\dfrac{1}{s}\right]=L^{-1}\left[\dfrac{\lambda^{-1}}{(s-\lambda)^2}-\dfrac{\lambda^{-2}}{s-\lambda}+\dfrac{\lambda^{-2}}{s}\right]$

$=\lambda^{-2}(\lambda te^{\lambda t}-e^{\lambda t}+1)\mathbf{1}(t)$

(3) 初期状態が $\boldsymbol{x}(0)=0$ であるときの式(2.13) と演習問題 2.3 の (2) から,

$$y(t)=\boldsymbol{c}^{\mathrm{T}}\int_0^t e^{A(t-\tau)}\boldsymbol{b}u(\tau)\,d\tau=[1\quad 0]\int_0^t e^{A(t-\tau)}\begin{bmatrix}0\\1\end{bmatrix}\mathbf{1}(\tau)\,d\tau$$

$$=[1\quad 0]\int_0^t e^{Ap}\begin{bmatrix}0\\1\end{bmatrix}dp=\int_0^t pe^{\lambda p}dp=\lambda^{-1}[pe^{\lambda p}]_0^t-\lambda^{-1}\int_0^t e^{\lambda p}dp$$

$$=\lambda^{-1}[pe^{\lambda p}]_0^t-\lambda^{-2}[e^{\lambda p}]_0^t=\lambda^{-1}(te^{\lambda t}-0)-\lambda^{-2}(e^{\lambda t}-1)$$

$$=\lambda^{-2}(\lambda te^{\lambda t}-e^{\lambda t}+1)\mathbf{1}(t)$$

**2.5** (1) $G(s)=\dfrac{(\alpha\beta+1)s+3+\alpha-2\beta}{(s+1)(s+2)}$

(2) 可制御性行列は $\boldsymbol{C}(\boldsymbol{A},\boldsymbol{b})=\begin{bmatrix}1 & \alpha\\ \alpha & -2-3\alpha\end{bmatrix}$ であり, $\det\boldsymbol{C}(\boldsymbol{A},\boldsymbol{b})=-(\alpha+1)\cdot(\alpha+2)$ であるから, $\alpha\neq-1,-2$ であれば, この系は可制御. 可観測性行列は $\boldsymbol{O}(\boldsymbol{A},\boldsymbol{c})=\begin{bmatrix}1 & \beta\\ -2\beta & 1-3\beta\end{bmatrix}$ であり, $\det\boldsymbol{O}(\boldsymbol{A},\boldsymbol{c})=(2\beta-1)(\beta-1)$ であるから, $\beta\neq\dfrac{1}{2},1$ であれば, この系は可制御.

(3) (a) 可観測であるが可制御ではないとき

(i) $\alpha=-1$ のとき, $G(s)=\dfrac{1-\beta}{s+1}$

(ii) $\alpha=-2$ のとき, $G(s)=\dfrac{1-2\beta}{s+2}$

(b) 可制御であるが可観測ではないとき

(iii) $\beta=\dfrac{1}{2}$ のとき, $G(s)=\dfrac{\frac{1}{2}\alpha+1}{s+1}$

(iv) $\beta=1$ のとき, $G(s)=\dfrac{\alpha+1}{s+2}$

(c) 可制御でも可観測でもないとき

(i) かつ (iii), (i) かつ (iv), (ii) かつ (iii), あるいは (ii) かつ (iv) のとき, $G(s)=0$

## 第3章

**3.1** (1) 可制御性行列は $\boldsymbol{C}(\boldsymbol{A},\boldsymbol{b})=\begin{bmatrix}1 & a+1\\ 1 & 2\end{bmatrix}$ であり, $\det(\boldsymbol{A},\boldsymbol{b})=1-a$ である

から，この系が可制御であるための条件は $a\neq 1$ である．

(2)　所望の特性多項式は $\alpha(s)=(s+1)^2$ であるので，式(3.12) より，

$$\boldsymbol{f}^{\mathrm{T}}=[0\quad 1]\begin{bmatrix}1 & a+1\\ 1 & 2\end{bmatrix}^{-1}\left(\begin{bmatrix}1 & a\\ 0 & 2\end{bmatrix}+\boldsymbol{I}\right)^2=\frac{1}{1-a}[-4\quad 9-5a]$$

上式が存在するためには $a\neq 1$ が必要であり，これは (1) の可制御性の条件と同一である．

**3.2**　$\boldsymbol{A}=\begin{bmatrix}1 & 1\\ 0 & 2\end{bmatrix}$，$\boldsymbol{b}=\begin{bmatrix}a\\ 1\end{bmatrix}$ である．

(1)　特性根を任意に設定できるためには系が可制御でなければならない．可制御性行列は $\boldsymbol{C}(\boldsymbol{A},\boldsymbol{b})=\begin{bmatrix}a & a+1\\ 1 & 2\end{bmatrix}$ であり，$\det(\boldsymbol{A},\boldsymbol{b})=a-1$ であるから，可制御であるための条件は $a\neq 1$ である．

(2)　所望の特性多項式は $\alpha(s)=(s+1)^2$ であるので，式(3.12) より，

$$\boldsymbol{f}^{\mathrm{T}}=[0\quad 1]\begin{bmatrix}a & a+1\\ 1 & 2\end{bmatrix}^{-1}\left(\begin{bmatrix}1 & 1\\ 0 & 2\end{bmatrix}+\boldsymbol{I}\right)^2=\frac{1}{a-1}[-4\quad 9-5a]$$

(3)　特性方程式は $\det\{s\boldsymbol{I}-(\boldsymbol{A}-\boldsymbol{b}\boldsymbol{f}^{\mathrm{T}})\}=0$ である．これに $\boldsymbol{f}^{\mathrm{T}}=[k\quad k]$ を代入すると，

$$s^2+(ak+k-3)s+2(1-ak)=0$$

である．ラウス・フルビッツの安定判別法により，この系が安定であるためには，すべての係数が正

$$ak+k-3>0,\quad \text{かつ},\quad 1-ak>0$$

すなわち

$$\frac{3}{k}-1<a<\frac{1}{k}$$

が必要である．上式を満たすためには

$$k>2,\quad -1<a<\frac{1}{2}$$

が必要である．

**3.3**　(1)　所望の特性多項式は $\alpha(s)=(s-\mu)^2$ であるので，式(3.12) より，

$$\boldsymbol{f}^{\mathrm{T}}=[0\quad 1]\begin{bmatrix}0 & 1\\ 1 & \lambda\end{bmatrix}^{-1}\left(\begin{bmatrix}\lambda & 1\\ 0 & \lambda\end{bmatrix}-\mu\boldsymbol{I}\right)^2=\begin{bmatrix}(\lambda-\mu)^2\\ 2(\lambda-\mu)\end{bmatrix}$$

(2)　$\tilde{\boldsymbol{A}}=\boldsymbol{A}^{\mathrm{T}}=\begin{bmatrix}\lambda & 1\\ 0 & \lambda\end{bmatrix}^{\mathrm{T}}=\begin{bmatrix}\lambda & 0\\ 1 & \lambda\end{bmatrix}$，$\tilde{\boldsymbol{b}}=\boldsymbol{c}=[1\quad 0]^{\mathrm{T}}$ とおいたときのレギュレータの極を $\sigma,\sigma$ となるように配置する．$\alpha(s)=(s-\sigma)^2$ と式(3.12) より，

$$\tilde{\boldsymbol{f}}^{\mathrm{T}}=[0\quad 1]\begin{bmatrix}1 & \lambda\\ 0 & 1\end{bmatrix}^{-1}\left(\begin{bmatrix}\lambda & 0\\ 1 & \lambda\end{bmatrix}-\sigma\boldsymbol{I}\right)^2=\begin{bmatrix}2(\lambda-\sigma)\\ (\lambda-\sigma)^2\end{bmatrix}^{\mathrm{T}}$$

オブザーバのゲインは $\boldsymbol{g}=\tilde{\boldsymbol{f}}$．

**3.4**　プラント $\boldsymbol{c}^{\mathrm{T}}(s\boldsymbol{I}-\boldsymbol{A})^{-1}\boldsymbol{b}$ が可制御，可観測で，かつ $s=0$ に零点をもたないとす

る．図 3.2 の偏差 $e(t)$ から出力 $y(t)$ への伝達関数（開ループ伝達関数）を $G(s)$ とすると，

$$G(s)=\frac{1}{s}\boldsymbol{c}^{\mathrm{T}}(s\boldsymbol{I}-\boldsymbol{A}+\boldsymbol{b}\boldsymbol{f}^{\mathrm{T}})\,\boldsymbol{b}k=\frac{1}{s}\cdot\frac{\boldsymbol{c}^{\mathrm{T}}\mathrm{adj}\,(s\boldsymbol{I}-\boldsymbol{A}+\boldsymbol{b}\boldsymbol{f}^{\mathrm{T}})\,\boldsymbol{b}k}{\det(s\boldsymbol{I}-\boldsymbol{A}+\boldsymbol{b}\boldsymbol{f}^{\mathrm{T}})}$$

である．余因子行列の性質から $\boldsymbol{c}^{\mathrm{T}}\mathrm{adj}\,(s\boldsymbol{I}-\boldsymbol{A}+\boldsymbol{b}\boldsymbol{f}^{\mathrm{T}})\,\boldsymbol{b}=\boldsymbol{c}^{\mathrm{T}}\mathrm{adj}\,(s\boldsymbol{I}-\boldsymbol{A})\,\boldsymbol{b}$ であることがわかっている．すなわち，

$$G(s)=\frac{1}{s}\cdot\frac{\boldsymbol{c}^{\mathrm{T}}\mathrm{adj}\,(s\boldsymbol{I}-\boldsymbol{A})\,\boldsymbol{b}k}{\det(s\boldsymbol{I}-\boldsymbol{A}+\boldsymbol{b}\boldsymbol{f}^{\mathrm{T}})}$$

である．これは，プラントの零点が状態フィードバック $\boldsymbol{f}$ によっても変わらないことを意味する．したがって $G(s)$ も $s=0$ に零点をもたないため，$G(s)$ の $s=0$ の極は零点と相殺されない．目標値 $r(t)=R\cdot\mathbf{1}(t)$ に対する定常偏差を $\varepsilon$ とすると，

$$\varepsilon=\lim_{s\to 0}s\frac{1}{1+G(s)}R\frac{1}{s}=\lim_{s\to 0}\frac{R}{1+\dfrac{1}{s}\cdot\dfrac{\boldsymbol{c}^{\mathrm{T}}\mathrm{adj}\,(s\boldsymbol{I}-\boldsymbol{A})\,\boldsymbol{b}k}{\det(s\boldsymbol{I}-\boldsymbol{A}+\boldsymbol{b}\boldsymbol{f}^{\mathrm{T}})}}=\frac{R}{1+\infty}=0$$

**3.5** 評価関数の被積分要素の第 1 項 $y^2(t)$ は

$$y^2(t)=\{\boldsymbol{c}^{\mathrm{T}}\boldsymbol{x}(t)\}^{\mathrm{T}}\{\boldsymbol{c}^{\mathrm{T}}\boldsymbol{x}(t)\}=\boldsymbol{x}(t)^{\mathrm{T}}\boldsymbol{c}\boldsymbol{c}^{\mathrm{T}}\boldsymbol{x}(t)=\boldsymbol{x}(t)^{\mathrm{T}}\begin{bmatrix}1&0\\0&0\end{bmatrix}\boldsymbol{x}(t)$$

のように表せるので，$\boldsymbol{Q}=\begin{bmatrix}1&0\\0&0\end{bmatrix}$ とおいてリッカチ方程式(3.22) を解く．$\boldsymbol{P}$ は対称であるから

$$\boldsymbol{P}=\begin{bmatrix}\alpha&\beta\\\beta&\gamma\end{bmatrix}$$

とおくと，式(3.22) は

$$\begin{bmatrix}\alpha&\beta\\\beta&\gamma\end{bmatrix}\begin{bmatrix}0&1\\1&0\end{bmatrix}+\begin{bmatrix}0&1\\1&0\end{bmatrix}\begin{bmatrix}\alpha&\beta\\\beta&\gamma\end{bmatrix}-r^{-1}\begin{bmatrix}\alpha&\beta\\\beta&\gamma\end{bmatrix}\begin{bmatrix}0\\1\end{bmatrix}[0\quad 1]\begin{bmatrix}\alpha&\beta\\\beta&\gamma\end{bmatrix}+\begin{bmatrix}1&0\\0&0\end{bmatrix}=0$$

$$\begin{bmatrix}2\beta-r^{-1}\beta^2+1&\alpha+\gamma-r^{-1}\beta\gamma\\\alpha+\gamma-r^{-1}\beta\gamma&2\beta-r^{-1}\gamma^2\end{bmatrix}=0$$

したがって，$\boldsymbol{P}$ の正定性を考慮すると，

$$\alpha=r\sqrt{1+r^{-1}}\sqrt{1+\sqrt{1+r^{-1}}}\sqrt{2}$$
$$\beta=r(1+\sqrt{1+r^{-1}})$$
$$\gamma=r\sqrt{1+\sqrt{1+r^{-1}}}\sqrt{2}$$

である．したがって，最適フィードバックは

$$u(t)=-\left[1+\sqrt{1+r^{-1}}\quad\sqrt{1+\sqrt{1+r^{-1}}}\sqrt{2}\right]\boldsymbol{x}(t)$$

## 第 4 章

**4.1** (1) $0<K<1$, (2) $0<K<2.70$, (3) $0<K<2.62$

**4.2** ホールド回路とプラントを合わせたパルス伝達関数は $G(z)=\dfrac{T}{z(z-1)}$ とな

る．式(4.51) に $G(z)=\dfrac{T}{z(z-1)}$ と $W^*(z)=z^{-2}$ を代入すると，

$$K(z)=T^{-1}\frac{1}{1+z^{-1}}=\frac{U(z)}{E(z)}$$

を得る．制御装置 $K(z)$ の差分方程式は

$$u(n)=-u(n-1)+T^{-1}e(n),\quad u(-1)=0,\quad e(0)=1$$

である．同様に，$G(z)$ の差分方程式は

$$y(n)=y(n-1)+Tu(n-2),\quad y(0)=0,\quad u(-1)=0$$

である．目標値が単位ステップ信号 $R(z)=\dfrac{z}{z-1}$ であるから，出力 $y(n)$ の応答は

$$y(n)=Z^{-1}[W^*(z)R(z)]=Z^{-1}\left[\frac{z^{-1}}{z-1}\right]=\lim_{z\to1}(z-1)\frac{z^{-1}}{z-1}z^{n-1}=\lim_{z\to1}z^{n-2}$$
$$=\begin{cases}0 & (n<2)\\ 1 & (n\geqq2)\end{cases}$$

となる．$y(n)$，$u(n)$，$e(n)$ を図示すると図 L のようになる．ただし，線分は離散時間における各点の間を線形に補間したものであり，実際の連続系の応答を示すものではない．

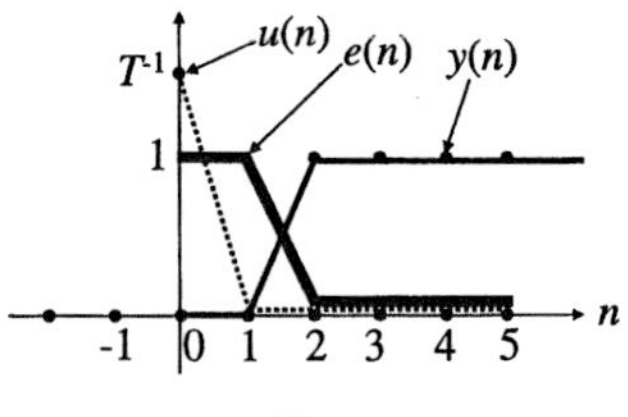


図 L

**4.3** (1) ホールド回路とプラントを合わせたパルス伝達関数は $G(z)=\dfrac{T}{z^3(z-1)}$

であるから，開ループパルス伝達関数は $\dfrac{T}{z^3(z-1)}K(z)$ である．

(2) 式(4.51) に $G(z)=\dfrac{T}{z^3(z-1)}$ と $W^*(z)=z^{-1}$ を代入すると，

$$K(z)=T^{-1}\frac{z^4-z^3}{z^l-1}$$

となる．この制御装置が物理的に実現可能であるためには，進み演算子 $z$ を陽に含まないことが必要である．このためには，分母の次数が分子の次数より大きいか等しくなければならない．すなわち，$l\geqq4$ である必要がある．目標値が単位ス

テップ信号 $R(z)=\dfrac{z}{z-1}$ であるから，出力 $y(n)$ の応答は

$$y(n)=Z^{-1}[W^*(z)R(z)]=Z^{-1}\left[\frac{z^{1-l}}{z-1}\right]=\lim_{z\to1}(z-1)\frac{z^{1-l}}{z-1}z^{n-1}=\lim_{z\to1}z^{n-l}$$
$$=\begin{cases}0 & (n<l)\\ 1 & (n\geqq l)\end{cases}$$

である．$l=4$ の場合の $y(n)$ を図示すると図 M のようになる．

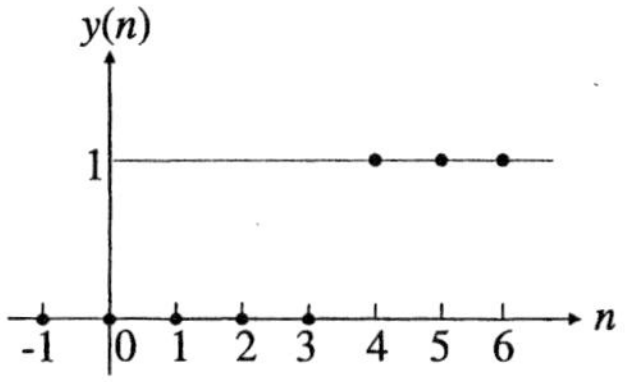


図 M

**4.4**　(a) の連続系の場合，特性方程式は $s+1+K=0$ であるから，安定条件は $K+1>0$ である．すなわち，$K>-1$ である．

(b) のサンプル値制御系の安定性は，パルス伝達関数に関する特性方程式に $z=\dfrac{\lambda+1}{\lambda-1}$ を代入して得られる $0.63(1+K)\lambda+1.37-0.63K=0$ の $\lambda$ についての安定性を判別すればよい．したがって，$1+K>0$ かつ $1.37-0.63K>0$ が必要である．すなわち，$-1<K<2.17$ であり，連続系より安定な範囲が狭くなる．

**4.5**　パルス伝達関数に関する特性方程式に $z=\dfrac{\lambda+1}{\lambda-1}$ を代入して得られる方程式は

$$(1+K)(1-e^{-T})\lambda+K(e^{-T}-1)+e^{-T}+1=0$$

である．$K>0$ と考えると，上式の $\lambda$ の係数は常に正であるから，安定であるためには，$K(e^{-T}-1)+e^{-T}+1>0$ が必要である．したがって，$T<-\ln\dfrac{K-1}{K+1}$ が安定条件である．この右辺が 1 ということであるから，$K\approx2.17$ である．

**4.6**　(1)　可制御であるためには $a\neq1$.

(2)　所望の特性多項式は $\alpha(z)=z^2$ である．式(3.12) より，$\boldsymbol{f}=\left[\dfrac{1}{a-1}\quad\dfrac{3a-4}{a-1}\right]^{\mathrm{T}}$ を得る．

## 第 5 章

**5.1**　図 N (a) の要素に，同図 (b) の正弦波 $x(t)=X\sin\omega t$ が入力されると，その出力 $y(t)$ は同図 (c) のようになる．

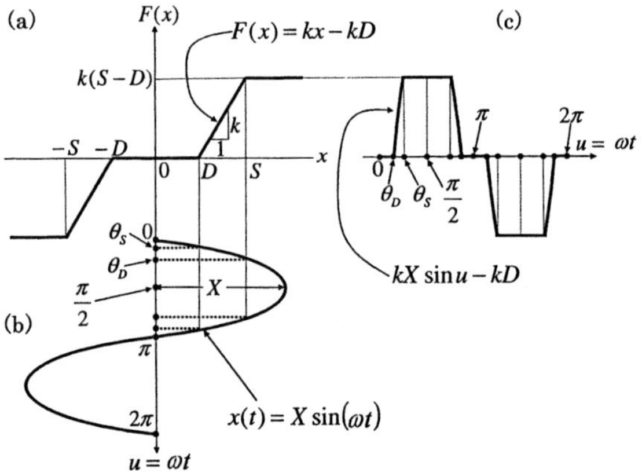


図 N

記述関数 $N(X)$ は，$X$ の大きさで次の 3 つの場合に分けられる．

1) $X \leqq D$ のとき，

$$N(X)=0$$

2) $D<X \leqq S$ のとき，例 5.3 の不感帯と同一であるので，

$$N(X)=k\left[1-\frac{2}{\pi}\left\{\sin^{-1}\frac{D}{X}+\frac{D}{X}\sqrt{1-\left(\frac{D}{X}\right)^2}\right\}\right]$$

3) $X>S$ のとき，$y(t)$ は

$$y(t)=\begin{cases} 0 & (0 \leqq \omega t < \theta_D) \\ kX\sin\omega t-kD & (\theta_D \leqq \omega t < \theta_S) \\ k(S-D) & \left(\theta_S \leqq \omega t < \dfrac{\pi}{2}\right) \end{cases}$$

ただし，$\theta_D=\sin^{-1}\left(\dfrac{D}{X}\right)$，$\theta_S=\sin^{-1}\left(\dfrac{S}{X}\right)$ である．$u=\omega t$ とおくと，$N(X)$ は次のように計算される．

$$\begin{aligned} N(X)&=\frac{1}{\pi X}\int_0^{2\pi} y(u)\sin u\,du \\ &=\frac{4}{\pi X}\left[\int_0^{\theta_D} 0\cdot\sin u\,du+\int_{\theta_D}^{\theta_S} k(X\sin u-D)\sin u\,du\right. \\ &\quad\left.+\int_{\theta_S}^{\pi/2} k(S-D)\sin u\,du\right] \\ &=\frac{2k}{\pi}\left\{\sin^{-1}\frac{S}{X}-\sin^{-1}\frac{D}{X}+\frac{S}{X}\sqrt{1-\left(\frac{S}{X}\right)^2}-\frac{D}{X}\sqrt{1-\left(\frac{D}{X}\right)^2}\right\} \end{aligned}$$

$N(X)$ は $X=\sqrt{S^2+D^2}$ のとき最大値 $\dfrac{2k}{\pi}\left\{\sin^{-1}\dfrac{S}{\sqrt{S^2+D^2}}-\sin^{-1}\dfrac{D}{\sqrt{S^2+D^2}}\right\}$ をと

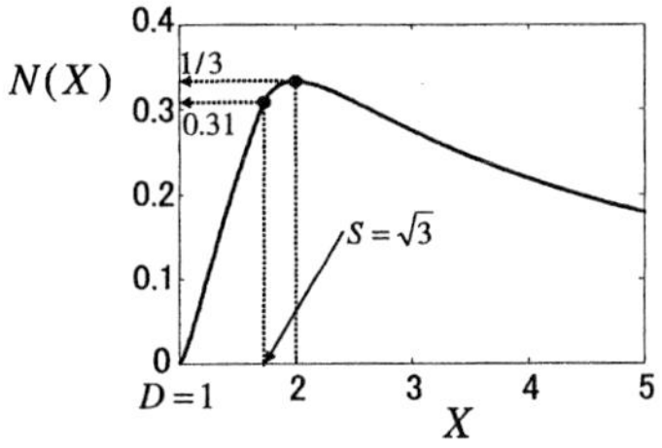


図 O

る．

たとえば，$k=1$，$D=1$，$S=\sqrt{3}$ とする場合の $N(X)$ は図 O のようになる．

**5.2** $G(j\omega)$ は

$$G(j\omega)=\frac{K}{j\omega(1+j\omega T_1)(1+j\omega T_2)}$$

である．このとき $G(j\omega)$ のベクトル軌跡は図 P の曲線のようになる．$G(j\omega)$ が実軸を交差するとき，すなわち，$\mathrm{Im}[G(j\omega)]=0$ となるときの周波数を $\omega_0$ とする．$G(j\omega)$ の分子は実数であるから，$\omega_0$ は $\mathrm{Im}[j\omega_0(1+j\omega_0 T_1)(1+j\omega_0 T_2)]=0$ を満たす．これを解くとリミットサイクルの周波数として $\omega_0=\dfrac{1}{\sqrt{T_1 T_2}}$ [rad/s] を得る．交点 P の座標 $G(j\omega_0)=-\dfrac{T_1 T_2}{T_1+T_2}K$ と，2 位置リレーの記述関数 $N(X)=\dfrac{4E}{\pi X}$ を，リミットサイクルの条件

$$G(j\omega_0)=-\frac{1}{N(X)}$$

へ代入すると，リミットサイクルの振幅として

$$X=\frac{4E}{\pi}\cdot\frac{T_1 T_2}{T_1+T_2}K$$

を得る．

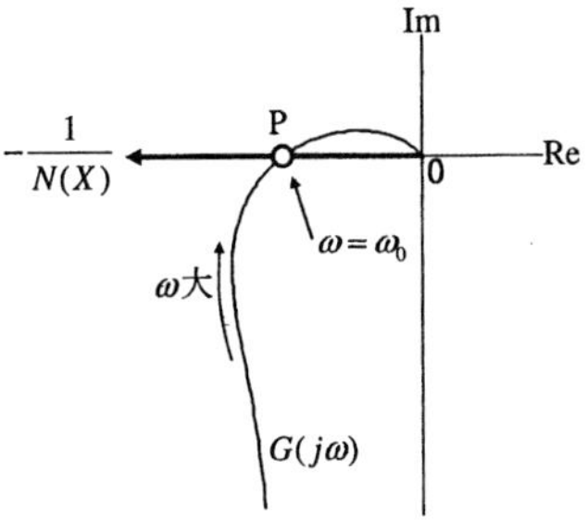


図 P

**5.3** $k=1$，$D=1$，$S=\sqrt{3}$ であるので，$-\dfrac{1}{N(X)}$ は演習問題5.1の解答の図Oの逆数に負号をつけたものとなり，図Q (a) のようになる．また，$-\dfrac{1}{N(X)}$ を複素平面上に描くと図Q (b) のようになる．

一方，$G(j\omega)$ のベクトル軌跡は図Q (b) の曲線のようになる．演習問題5.2と同様にして，$G(j\omega)$ が実軸と交差する周波数 $\omega_0$ は $\omega_0=8.9$ [rad/s] であり，このとき $G(j\omega_0)=-5$ である．したがって $G(j\omega)$ と $-\dfrac{1}{N(X)}$ は，図Q (b) の点Pと点Rで交差する．これらのうち安定なリミットサイクルは点Rであり，その振幅は図Q (a) の点Rの横軸の値から $X=4.5$ であることがわかる．

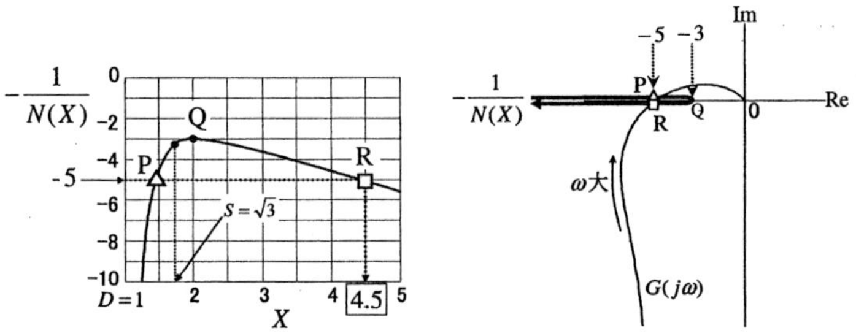


(a) (b)

**図Q**

**5.4** $G(j\omega)=\dfrac{-18\omega-j(\omega^2-2)(\omega^2-5)}{\omega\{4\omega^2+(1-\omega^2)^2\}}$ であり，そのベクトル軌跡は図Rの曲線のように，実軸と点P，Qで交差する．それぞれに対応する周波数は，$\omega_P=\sqrt{2}$ [rad/s]，$\omega_Q=\sqrt{5}$ [rad/s] である．一方，$-\dfrac{1}{N(X)}=-\dfrac{\pi X}{4E}$ は図Rの太線のようになる．安定なリミットサイクルは点Pであり，その座標 $G(j\omega_P)=-2$ と $-\dfrac{1}{N(X)}=-\dfrac{\pi X}{4E}$ から，リミットサイクルの振幅として $X=\dfrac{8E}{\pi}$ を得る．

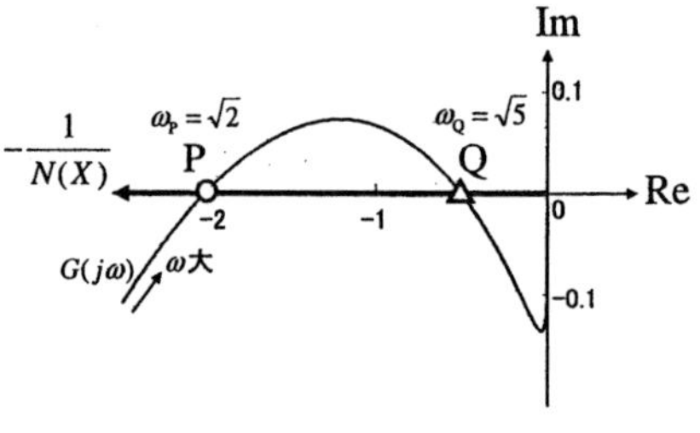


**図R**

## 第6章

**6.1** 重み関数が $g(t)$ である線形系の出力 $y(t)$ は

$$y(t)=\int_{-\infty}^{\infty}g(u)\,x(t-u)\,du$$

であるから

$$y(t+\tau)=\int_{-\infty}^{\infty}g(u)\,x(t+\tau-u)\,du$$

である．これを相互相関関数の定義式

$$\phi_{xy}(\tau)=\lim_{T\to\infty}\frac{1}{2T}\int_{-T}^{T}x(t)\,y(t+\tau)\,dt$$

へ代入して，変形していけばよい．

**6.2** 式(6.18) にオイラー (Euler) の公式 $e^{-j\omega\tau}=\cos\omega\tau-j\sin\omega\tau$ を代入すると，

$$\Phi_{xx}(\omega)=\frac{1}{2\pi}\int_{0}^{\infty}\phi_{xx}(\tau)\,(\cos\omega\tau-j\sin\omega\tau)\,d\tau$$

である．$\phi_{xx}(\tau)$ は偶関数，すなわち $\phi_{xx}(-\tau)=\phi_{xx}(\tau)$ であるので，$\phi_{xx}(\tau)\cos\omega\tau$ は偶関数であり，$\phi_{xx}(\tau)\sin\omega\tau$ は奇関数である．$-\infty$ から $\infty$ までの奇関数の積分が 0 となり，$-\infty$ から $\infty$ までの偶関数の積分が 0 から $\infty$ までの積分の 2 倍になるので，

$$\Phi_{xx}(\omega)=\frac{1}{\pi}\int_{0}^{\infty}\phi_{xx}(\tau)\cos\omega\tau d\tau$$

である．これに $\phi_{xx}(\tau)=Ae^{-\alpha|\tau|}$ を代入すると，

$$\Phi_{xx}(\omega)=\frac{A}{\pi}\int_{0}^{\infty}e^{-\alpha|\tau|}\cos\omega\tau d\tau=\frac{A}{\pi}\int_{0}^{\infty}e^{-\alpha\tau}\cos\omega\tau d\tau$$

である．右辺は部分積分で計算するか，あるいは，$\cos\omega\tau=\frac{1}{2}(e^{j\omega\tau}+e^{-j\omega\tau})$ を使って指数関数だけの積分として計算すればよい．

**6.3** 入力信号のスペクトル密度関数 $\Phi_{xx}(\omega)$ は，式(6.18) より，

$$\Phi_{xx}(\omega)=\frac{1}{2\pi}\int_{-\infty}^{\infty}\delta(\tau)\,e^{-j\omega\tau}d\tau=\frac{1}{2\pi}$$

である．また，$|G(j\omega)|^2=\dfrac{8\pi}{(\omega^2+1)(\omega^2+4)}$ である．これらを式(6.29) に代入すると，

$$\Phi_{yy}(\omega)=\frac{8\pi}{(\omega^2+1)(\omega^2+4)}\cdot\frac{1}{2\pi}=\frac{1}{(\omega^2+1)\left\{\left(\frac{\omega}{2}\right)^2+1\right\}}$$

である．両辺の対数をとって 10 倍すると，

$$10\log\Phi_{yy}(\omega)=-\left[10\log(\omega^2+1)+10\log\left\{\left(\frac{\omega}{2}\right)^2+1\right\}\right]$$

である．この式は，それぞれ $\omega=1,2$ [rad/s] に折れ点をもつ 2 つの折れ線で近

似できることを意味している．$\omega \to 0$ のとき，上式は 0 dB に漸近し，$\omega \to \infty$ のとき，2 つの漸近線はどちらも $-20$ dB/dec で減少する．したがって，$10 \log \Phi_{yy}(\omega)$ は図 S のように表される．

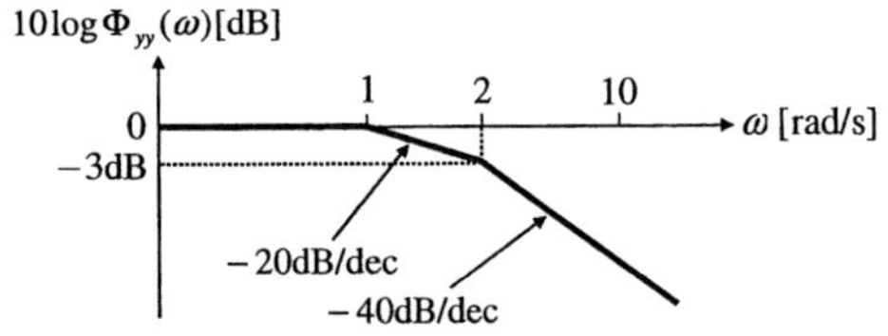


図 S

$\Phi_{yy}(\omega)$ と角周波数軸で挟まれる部分の面積を $S$ とすると，これは式(6.30) より $y(t)$ の 2 乗平均値を意味する．$S$ は，例題 6.2 において入力信号のスペクトル密度が $\dfrac{1}{2\pi}$ で分子が定数である場合と同様に計算でき，$\dfrac{2}{3}\pi$ に等しい．

**6.4**　システム雑音の共分散行列は

$$E\left[\begin{bmatrix}1\\0\end{bmatrix}v(t)v(t)\begin{bmatrix}1 & 0\end{bmatrix}\right]=\begin{bmatrix}q^2 & 0\\0 & 0\end{bmatrix}\delta(t-\tau)$$

であり，$Q=\begin{bmatrix}q^2 & 0\\0 & 0\end{bmatrix}$ と考えて，リッカチ方程式(6.52) の正定解を求めると，$\boldsymbol{P}=\begin{bmatrix}\alpha & \beta\\\beta & \gamma\end{bmatrix}$ とおくとき，

$$\alpha=\frac{q}{a}\sqrt{r+2aq}$$
$$\beta=q\sqrt{r}$$
$$\gamma=r\left(1+\sqrt{1+\frac{2aq}{\sqrt{r}}}\right)$$

である．したがって，カルマンフィルタの係数ベクトルは式(6.56) より，

$$\boldsymbol{g}=\boldsymbol{g}^*=r^{-1}\boldsymbol{P}\boldsymbol{c}=\begin{bmatrix}\dfrac{q}{\sqrt{r}} & 1+\sqrt{1+\dfrac{2aq}{\sqrt{r}}}\end{bmatrix}^{\mathrm{T}}$$

を得る．

可観測性行列 $\boldsymbol{C}(\boldsymbol{A},\boldsymbol{b})$ は

$$\boldsymbol{C}(\boldsymbol{A},\boldsymbol{b})=\begin{bmatrix}0 & 1\\a & 1\end{bmatrix}$$

で表される．$a=0$ とすると，$\det \boldsymbol{C}(\boldsymbol{A},\boldsymbol{b})=0$ であるから可観測とならず，リッカチ方程式の解 $\alpha=\dfrac{q}{a}\sqrt{r+2aq}$ は存在しない．

# 参　考　文　献


**第 1 章**

大住　晃：「線形システム制御理論」森北出版，2003 年

志水清孝・大森浩充：「線形制御理論入門」培風館，2003 年

堀　洋一・大西公平：「応用制御工学」丸善，1998 年

伊藤正美：「自動制御概論（上）」昭晃堂，1985 年

N. S. Nise：“Control Systems Engineering”, John Wiley & Sons, 2004

B. C. Kuo, F. Golnaraghi：“Automatic Control Systems”, 8th Edition, John Wiley & Sons, 2002

**第 2～3 章**

大住　晃：「線形システム制御理論」森北出版，2003 年

志水清孝・大森浩充：「線形制御理論入門」培風館，2003 年

伊藤正美：「自動制御概論（下）」昭晃堂，1985 年

N. S. Nise：“Control Systems Engineering”, John Wiley & Sons, 2004

B. C. Kuo, F. Golnaraghi：“Automatic Control Systems”, 8th Edition, John Wiley & Sons, 2002

**第 4 章**

堀　洋一・大西公平：「応用制御工学」丸善，1998 年

明石　一：「制御工学 増訂版」共立出版，1997 年

荒木光彦：「ディジタル制御理論入門」朝倉書店，1991 年

岩井壮介：「制御工学基礎論」昭晃堂，1991 年

伊藤正美：「自動制御概論（下）」昭晃堂，1985 年

N. S. Nise：“Control Systems Engineering”, John Wiley & Sons, 2004

B. C. Kuo, F. Golnaraghi：“Automatic Control Systems”, 8th Edition, John Wiley & Sons, 2002

G. F. Franklin, M. L. Workman, and D. Powell：“Digital Control of Dynamic Systems”, 3rd edition, Addison-Wesley, 1997

**第5章**

明石　一：「制御工学 増訂版」共立出版，1997年

岩井壮介：「制御工学基礎論」昭晃堂，1991年

伊藤正美：「自動制御概論（下）」昭晃堂，1985年

**第6章**

明石　一：「制御工学 増訂版」共立出版，1997年

前田　肇：「信号システム理論の基礎」コロナ社，1997年

高橋安人：「システムと制御（下）」岩波書店，1984年

椹木義一，添田　喬，中溝高好：「統計的自動制御理論」コロナ社，1966年

# 索　引

## ア　行



## カ　行

## サ 行

## マ　行



## ヤ　行



## ラ　行

**著者略歴**


阿部健一（あべけんいち）

1941年　福島県に生まれる
1969年　東北大学大学院工学研究科博士課程修了
現　在　日本大学工学部情報工学科・教授
　　　　東北大学名誉教授
　　　　工学博士

吉澤　誠（よしざわまこと）

1955年　栃木県に生まれる
1983年　東北大学大学院工学研究科博士後期課程修了
現　在　東北大学情報シナジーセンター・教授
　　　　工学博士



電気・電子工学基礎シリーズ 6

**システム制御工学**

定価はカバーに表示

2007年1月25日　初版第1刷
2020年2月25日　　　第8刷

著　者　阿　部　健　一
　　　　吉　澤　　　誠
発行者　朝　倉　誠　造
発行所　株式会社　朝　倉　書　店
東京都新宿区新小川町 6-29
郵便番号　162-8707
電　話　03(3260)0141
FAX　03(3260)0180
http://www.asakura.co.jp

〈検印省略〉





新日本印刷・渡辺製本

ISBN 978-4-254-22876-2　C 3354　Printed in Japan